図解 眠れなくなるほど面白い

遺伝の話

行動遺伝学者
安藤 寿康 監修
Juko Ando

日本文芸社

はじめに

「遺伝」は生命を生みだす基本の仕組みです。遺伝という現象をつかさどる物質であるＤＮＡのさらにもととなるＲＮＡがこの地球上に誕生したのははるか40億年前、それ以来、その情報は進化の過程で変化しながら受け継がれ、いまのあなたを作っています。遺伝の仕組みは、ヒトを理解し、あなた自身を理解する上での基本となる現象なのです。そしてメンデルの法則の発見以来、科学は１５０年以上の年月をかけて、その仕組みを解明し続けており、最近では分子レベルにまで光が届いて、多くのことが分かってきました。

それにもかかわらず、遺伝現象に関して、多くの人はその科学的知識の最低限の正しい理解すらもなされていないのではないかと思うことがしばしばあります。遺伝というと、すぐに親子が似ることだ、それは生まれつきで一生変わらないといった単純な理解や、遺伝を明らかにすると差別を助長し優生学になるので、できるだけ触れないことにしようとする姿勢がいまでもまかり通っているのではないでしょうか。最近では行動遺伝学が明らかにしたヒトの能力や性格への遺伝の影響に関する知見も知られるようになってきましたが、それすら「知能は遺伝率が高いから変えられない」という誤解がSNSなどで拡散されています。

こうした状況の中で出版された本書は、いわば「遺伝学のトリセツ」といえるでしょう。本書では遺伝子の成り立ちの基本からその分子レベルのふるまい、最近注目されているエピジェネティクスの話はもとより、遺伝子で説明できるさまざまなヒトの生命現象、そして知能や性格の遺伝に関する行動遺伝学の知見まで、幅広い遺伝現象の話題が紹介されています。それは生命のダイナミズムを理解するための基本、もう少し言わせてもらえば、せめてこれくらいのことは理解したうえで人間のことを考えられるようにしようよ、という提案でもあります。そうすれば、遺伝現象が固定的でも宿命的でも差別を正当化するものでもなく、むしろ生命の一員であるヒトの遺伝的多様性のダイナミズムがもたらす豊かな可能性に思いを馳せることもできるようになるでしょう。

さあ、遺伝子の世界へようこそ

安藤寿康（行動遺伝学者・慶應義塾大学名誉教授）

もくじ

第1章

遺伝子の役割と遺伝の仕組み

01 そもそも「遺伝」とは何？

遺伝が「あなたらしさ」を形づくる

人間は父親の精子と母親の卵子から、それぞれ23本の染色体を受け継いで生まれてきます。そのためか、**「遺伝」は親から子へと世代を通して受け継がれてきた特徴や体質、親と子を似させるものといったイメージが一般的です。**

しかし、精子と卵子がつくられる際には染色体が分裂して、そのどちらかひとつがランダムに選ばれる「減数分裂」が起きます。さらに、**染色体のランダムな組み換えも起きるため、両親が持っていたものとは異なる遺伝子の組み合わせをあなたは引き継いでいます**（詳しくは30ページを参照）。それは、あなたの中に潜在している、あなた独自のもので、あなたという人間をあなたらしい個性につくり上げていきます。それこそが「遺伝」だといえるでしょう。

こうして子が親から受け継いだ、子ども自身の遺伝子の組み合わさり方を「遺伝子型（遺伝型）」といいます。どんな遺伝子型を持っているかで、**子どもにはさまざまな特徴が現われてきます。そうした特徴のことを「形質」といい、髪の色、体格、顔立ち、パーソナリティなど観察できる形質のことを「表現型」と呼びます。**

近年の研究で、どのような遺伝子型がどういった表現型に対応しているか、じょじょに明らかになってきています。しかし、まだまだ未解明なことが多いのが現状です。

両親の遺伝子が組み合わさって子どもに受け継がれる

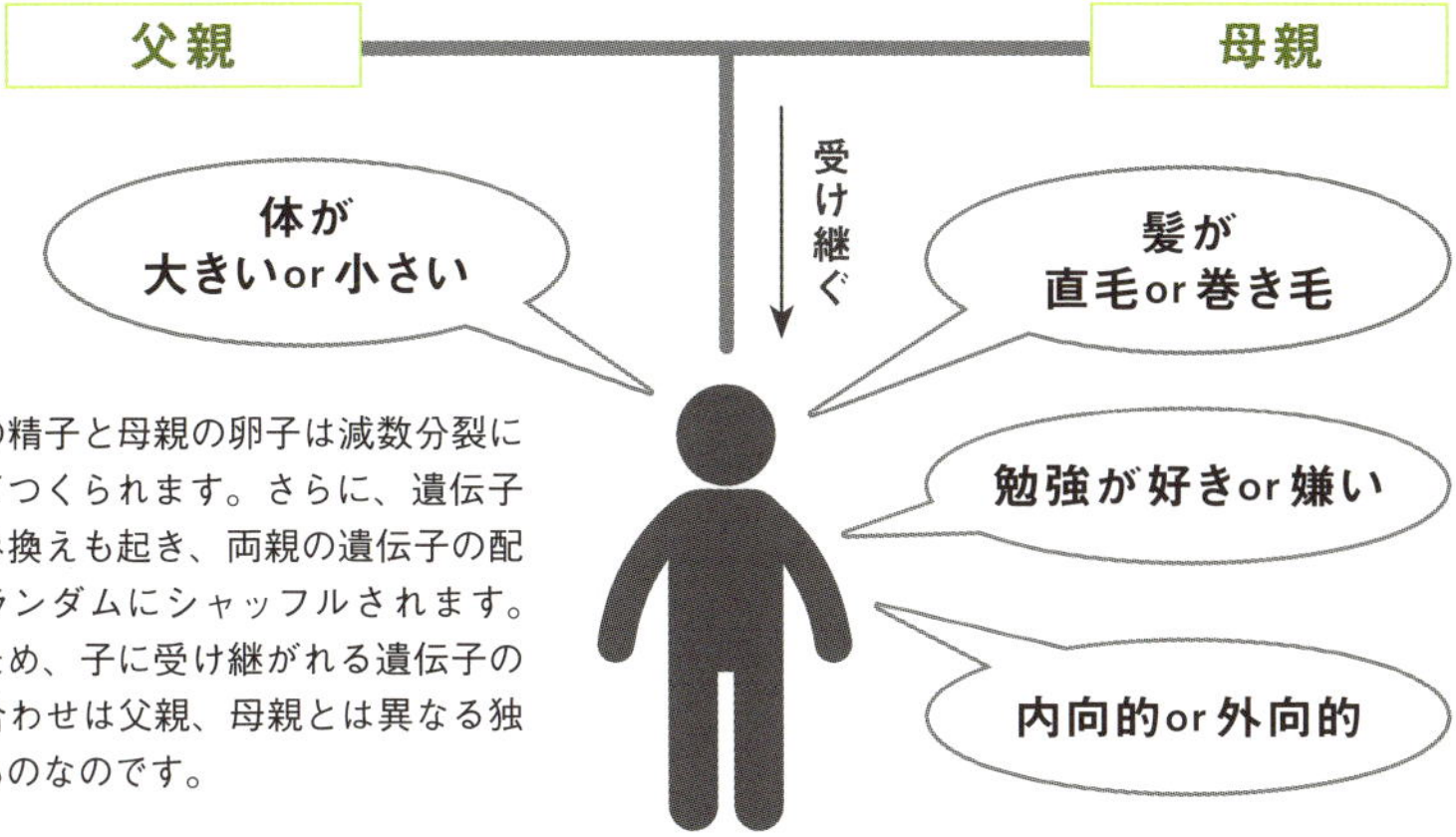

父親の精子と母親の卵子は減数分裂によってつくられます。さらに、遺伝子の組み換えも起き、両親の遺伝子の配列はランダムにシャッフルされます。そのため、子に受け継がれる遺伝子の組み合わせは父親、母親とは異なる独自のものなのです。

身体、知能、性格、あらゆる形質に遺伝は関わっている

「遺伝子型」と「表現型」って?

遺伝子型(遺伝型)

親から子に受け継がれた遺伝子の組み合わさり方のことでAA、Aa、aaといった記号で表わします。どのような遺伝子型を持っているかによって、子どもにはさまざまな「形質」が現われてきます。

表現型

姿や体の部位の形・大きさ、生理的な特性といった観察できる形で現われる「形質」のことです。単一の遺伝子によって決まる形質もありますが、ほとんどは多数の遺伝子が関与しています。

ミニコラム 「遺伝」という言葉の語源と、その意味するもの

遺伝という言葉は英語では「genetic」、「heredity」といいます。「genetic」は遺伝子を意味する「gene(ジーン)」が語源で、このgeneに「〜する」を意味する「ate」を付けると、つくり出すという意味の「generate」になります。また、中国語でも遺伝子は「基因」と書いて「ジーン」と読みます。一方、「heredity」は相続、継承を表わすラテン語を語源としていて、派生語に世襲を意味する「hereditary」などがあります。

02 遺伝子はカラダをつくるプログラム！

遺伝子をもとにタンパク質がつくられる

ヒトのカラダは骨、筋肉、皮膚、内臓など、さまざまな組織でできていますが、これらはすべて「タンパク質」からなり立っています。体内の情報を伝達する神経組織、食べたものを消化する酵素、血液中の酸素を運ぶ赤血球に含まれるヘモグロビンなども主成分はタンパク質です。このように、ヒトの体では多くのタンパク質がはたらいていて、その数は約10万種類に及ぶといわれています。

「遺伝子」は、これらのタンパク質のつくり方や、つくられるタイミングなどを指示するプログラムのようなものです。ヒト以外の生物も同様で、私たちのカラダは、遺伝子が持っているデータをもとにつくられています。こう言うと、遺伝子とは「生まれたときに設定され、生涯にわたって変化しない固定的なもの」というイメージを持ってしまうかもしれませんが、決してそうではありません。詳しくは16ページで説明しますが、**遺伝子は後天的に現われ方が変化していくこともあり、むしろ「動的で創造的なプログラム」なのです。**

ちなみに、ヒトの持つ遺伝子は約2万種類で、数だけで言えばマウスよりもやや少ないくらいです。植物であるイネの遺伝子は約4万種類とさらに多く、遺伝子が多いから生物として複雑であるとはいえないようです。

私たちの体は遺伝子によってなり立っている

私たちの体の中ではたくさんのタンパク質がはたらいています。遺伝子にはこれらの体に必要なタンパク質をつくるための情報が記録されていて、いつ、どのようにして、どのくらいつくるか指示を出しているのです。

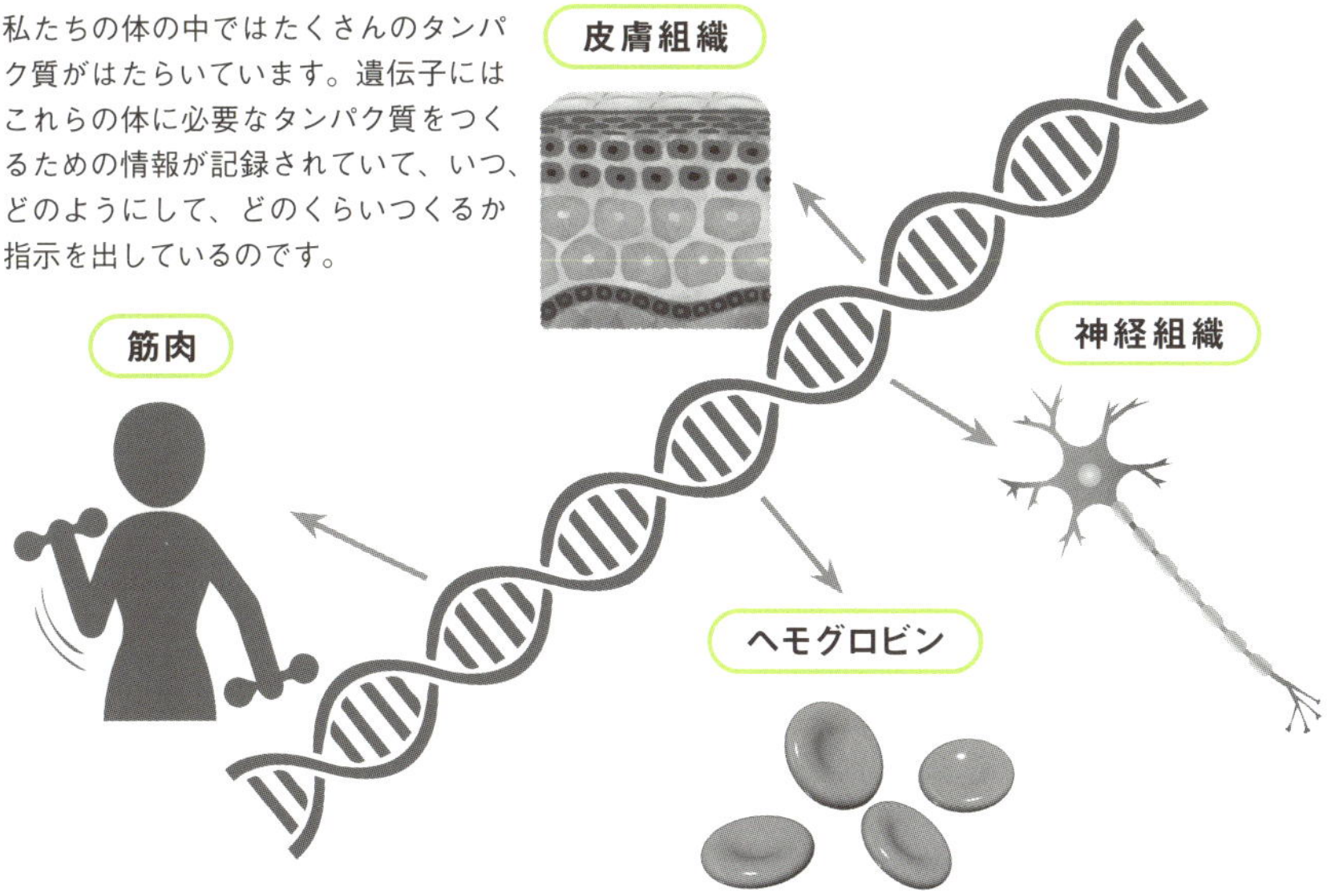

人間の持つ遺伝子の種類は約2万

ヒトが持つ遺伝子は約2万種類と推定されています。これはマウスよりも少ないくらいで、他の生物に比べて、とくに多いわけではありません。

■おもな生物が持つ遺伝子の種類

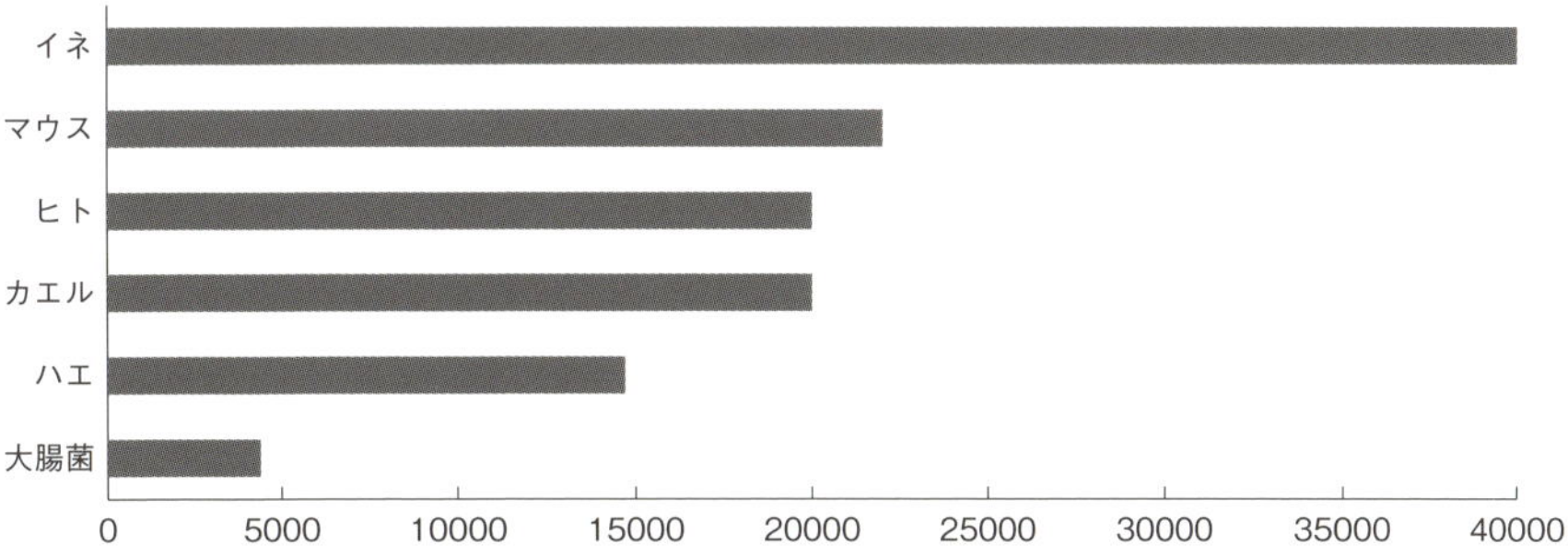

ヒトの持つ遺伝子の数はマウスとほとんど変わらない

03 遺伝子とDNAは同じもの？

遺伝子はDNAに存在するもの

遺伝について語るとき、必ず出てくる言葉のひとつに「DNA」があります。「遺伝子」と混同されがちなので、このふたつがどういった関係にあるのか説明しておきましょう。

DNAとは「デオキシリボ核酸」のことです。英語では「デオキシリボヌクレイクアシッド」といい、これを略したのが「DNA」です。

私たちのカラダを構成している、あらゆる細胞（赤血球は除く）には、中央に核という球体が存在しています。この核の中にDNAはしまいこまれていて、2本の鎖が互いにらせん状に絡まった形をしています。1本1本の鎖にはアデニン（A）、チミン（T）、グアニン（G）、シトシン（C）という4種類の「塩基」と呼ばれる成分が並んでいて、2本の鎖はAとT、GとCが向き合ってつながっています。

この4つの塩基の並び方によって、タンパク質のつくられ方が決まります。これらの**タンパク質をつくるための遺伝情報を持っている部分が「遺伝子」で、それ以外の遺伝情報を持たない部分は遺伝子間領域などと呼ばれています。**

じつは、DNAの約90%は、この遺伝子間領域が占めていると考えられていて、遺伝子はDNA上にポツンポツンと存在しています。つまり、「遺伝子」は「DNA」全体のほんのわずか一部分にすぎないのです。

ほとんどの細胞にDNAは存在する

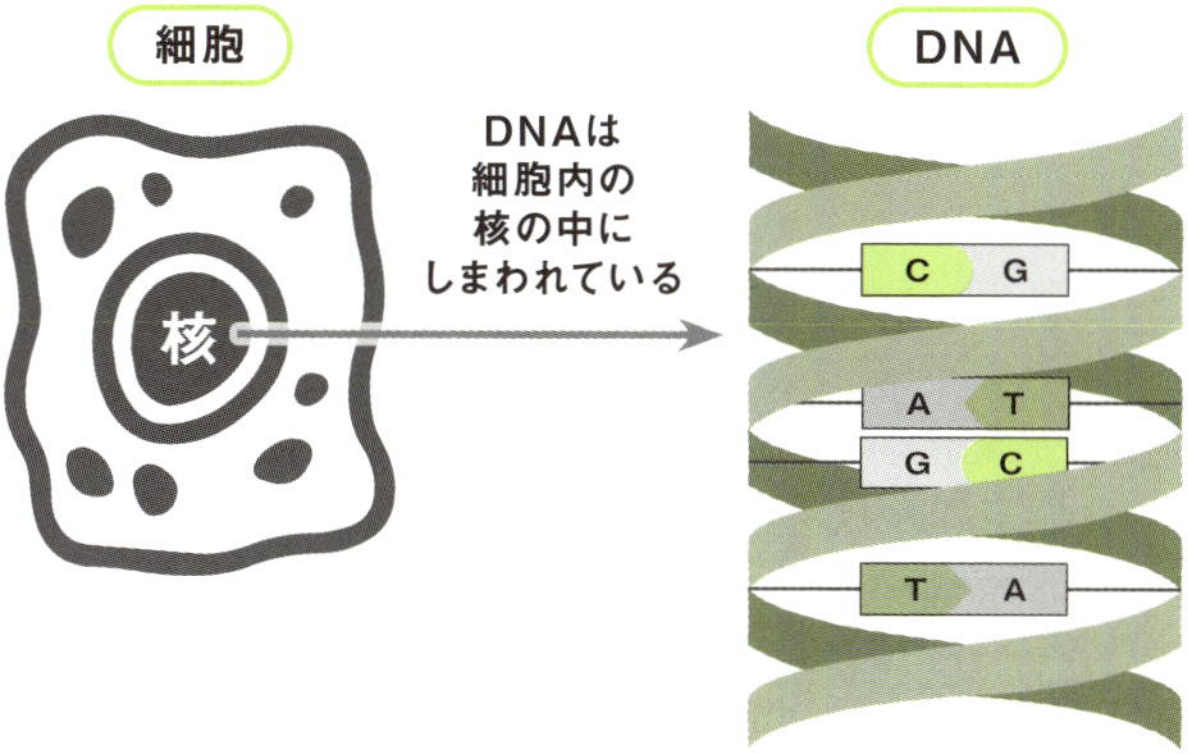

ヒトの細胞

ヒトのカラダは約60兆個の細胞でできています。細胞の中央には核と呼ばれる球体があり、その中にDNAはしまいこまれています。

DNAの基本的な構造

DNAは2本の鎖がらせん状に絡み合った二重らせん構造になっていて、アデニン（A）とチミン（T）、グアニン（G）とシトシン（C）が互いに向き合ってつながっています。

遺伝子はDNAのわずか一部分

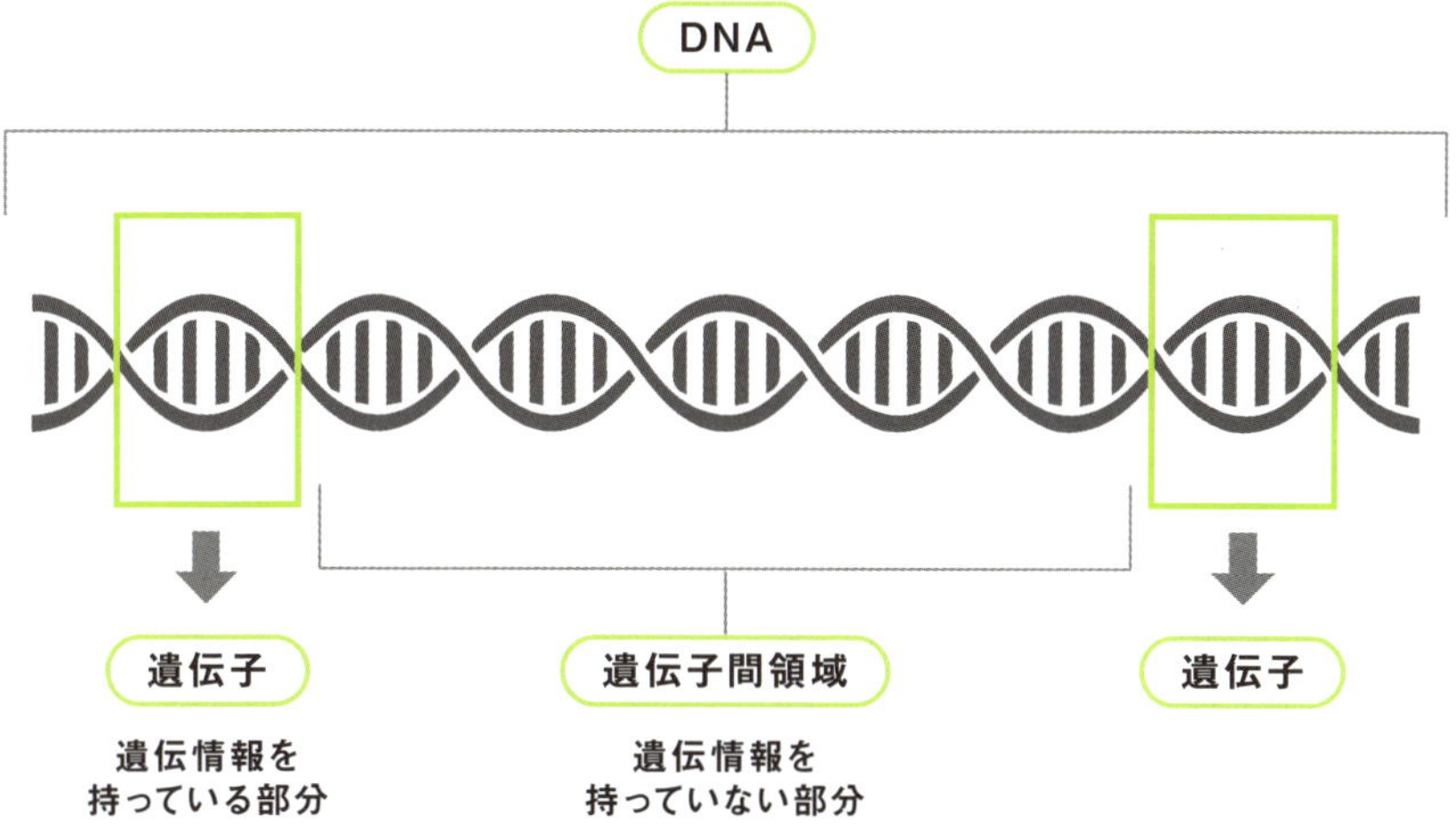

遺伝子間領域はDNA全体の約90％を占めますが、この部分がどのような役割を果たしているのか、まだよくわかっていません。

04 遺伝子はどうやってカラダをつくる？

RNAを介してタンパク質を合成

DNAのおもな役割は「複製」と「転写」です。生物は細胞分裂の際、同じ構造のDNAを「複製」して、ふたつの細胞にそれぞれ分配します。これにより、どの細胞も同じDNAを持つことができるわけです。

「転写」と「翻訳」はタンパク質をつくり出すプロセスのことです。タンパク質の合成に必要なDNAの情報は、細胞核の中で「RNA」という別の化学物質にコピーされます。このRNAはmRNA（メッセンジャーRNA）と呼ばれ、核の外に出て「リボソーム」というタンパク質を合成する装置に移動します。この過程が「転写」と呼ばれるものです。ちなみに、DNAは2本鎖でA、T、C、Gという塩基を持ちますが、RNAは1本鎖でTの代わりにウラシル（U）という塩基を持っています。

リボソームはmRNAに写し取られた情報を読み取り、対応するアミノ酸を結びつけてタンパク質を合成していきます。この過程が「翻訳」で、mRNAの情報をもとに必要となるアミノ酸をリボソームに運んでくるRNAをtRNA（トランスファーRNA）といいます。

このようにして、生物は同じ構造のDNAを複製し、さらにDNAの情報を転写、翻訳してタンパク質を合成していきます。この一連の流れを「セントラルドグマ」と呼びます。

DNAの複製、転写、翻訳の仕組み

複製
転写
翻訳
DNA
塩基配列は
A、T、C、G
RNA
塩基配列は
A、U、C、G
タンパク質
セントラルドグマ

DNAは細胞分裂時に自分と同じ構造のDNAを複製し、さらにRNAを介して新しいタンパク質を合成します。この流れのことをセントラルドグマといいます。この流れは逆向きがありません。これは、DNAの遺伝情報は外側から書き換えられることは原則としてないことを意味します。

タンパク質がつくられる流れ

DNAの遺伝情報をRNAに転写

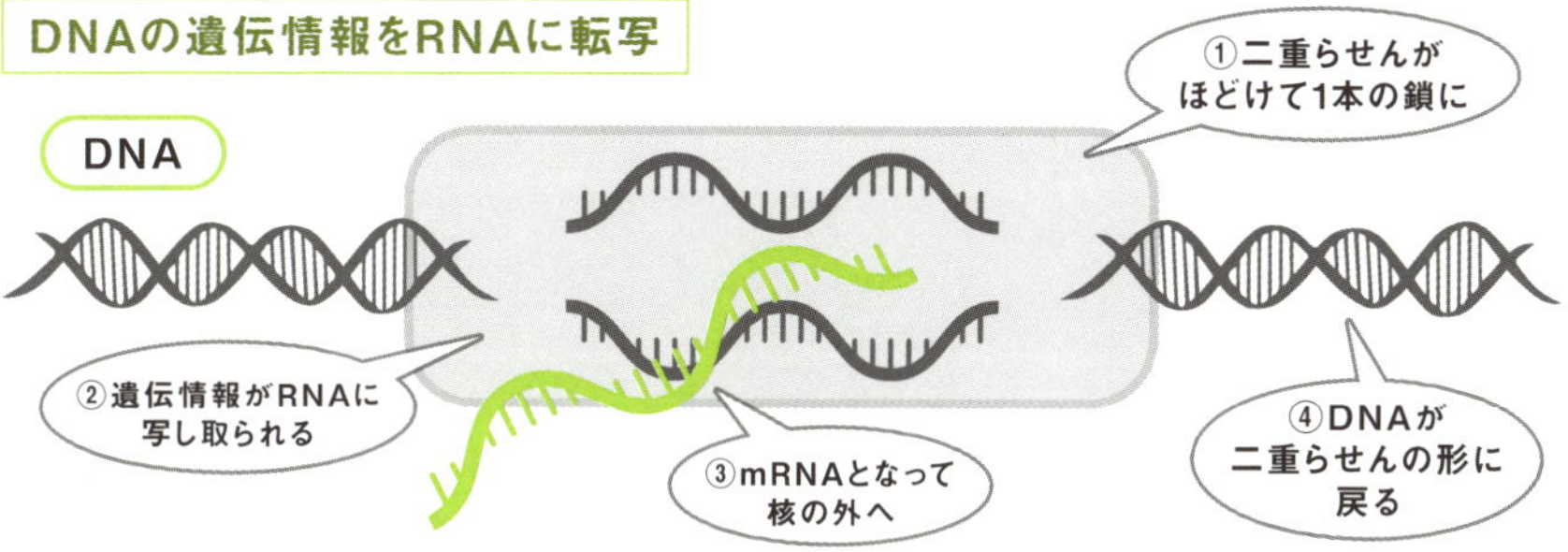
DNA
①二重らせんがほどけて1本の鎖に
②遺伝情報がRNAに写し取られる
③mRNAとなって核の外へ
④DNAが二重らせんの形に戻る

mRNAが翻訳され、タンパク質を合成

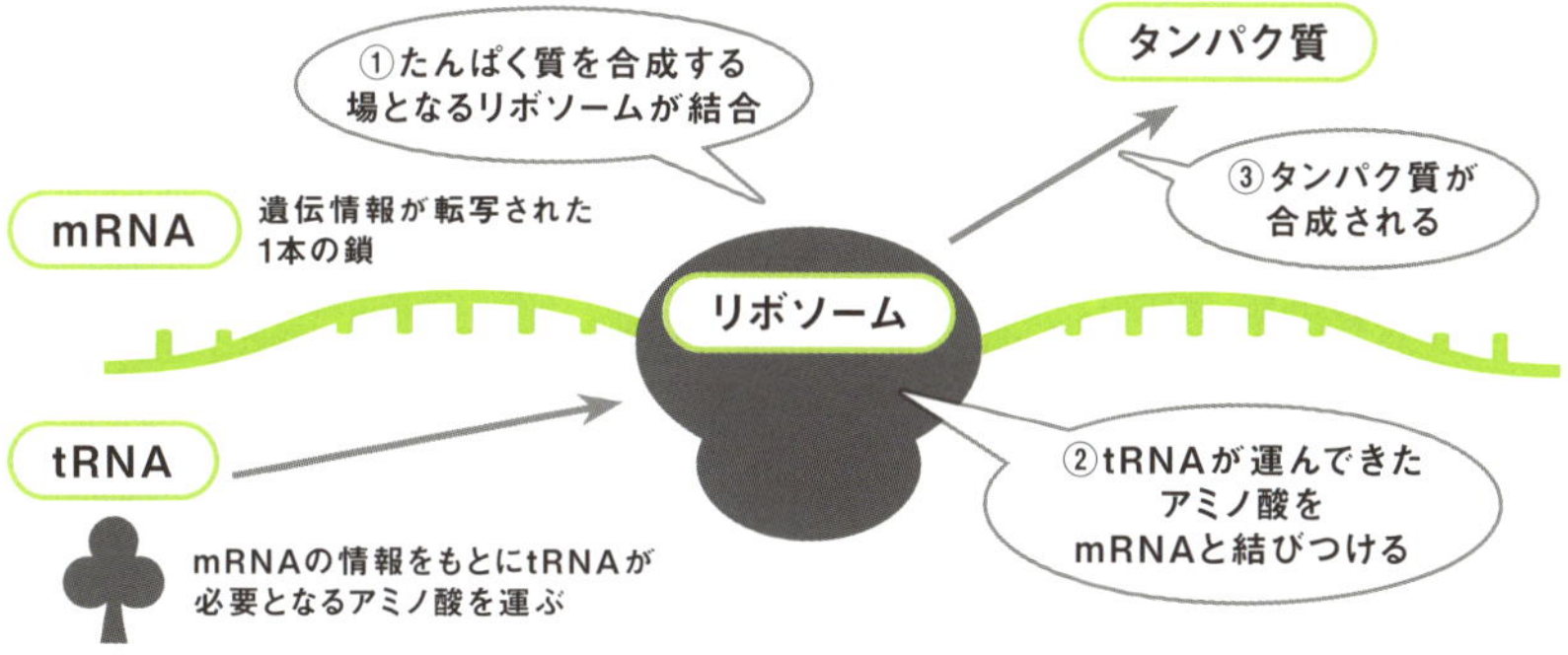
①たんぱく質を合成する場となるリボソームが結合
タンパク質
③タンパク質が合成される
mRNA
遺伝情報が転写された1本の鎖
リボソーム
tRNA
②tRNAが運んできたアミノ酸をmRNAと結びつける
mRNAの情報をもとにtRNAが必要となるアミノ酸を運ぶ

05 遺伝の現われ方が変化する!?

遺伝子は動的なプログラム

10ページでも触れたように、遺伝子は環境などの後天的な影響で発現のしかたが変わる動的なものであることがわかってきています。**こうした現象を「エピジェネティクス」といいます。**

エピジェネティクスは「DNAのメチル化」や「ヒストン修飾」などによって起きます。メチル化とは、DNAが持つ4つの塩基のひとつであるシトシン（C）にメチル基という分子構造が付くことによって、その遺伝子のはたらきが抑えられてしまう現象のことをいいます。

次にヒストン修飾です。DNAはヒストンというタンパク質に巻きついた状態で細胞の核にしまわれていて、このヒストンにメチル基やアセチル基といった分子が結合すると、遺伝子のはたらきが活性化されたり抑制されたりします。こうした遺伝子発現のオン・オフの切り替わりによって、体や心にさまざまな変化が起きるのです。また、エピジェネティクスで獲得した形質が、次世代に遺伝する可能性があるという研究結果も発表されています。

このように、遺伝子に動的な変化をもたらすエピジェネティクスですが、DNAの持つ遺伝情報そのものが変化するわけではありません。環境の変化などが原因でエピジェネティクスが起きるとしても、そこには本来持っている遺伝の影響もあると考えられるのです。

化学的な結合がエピジェネティクスを引き起こす

DNAのメチル化

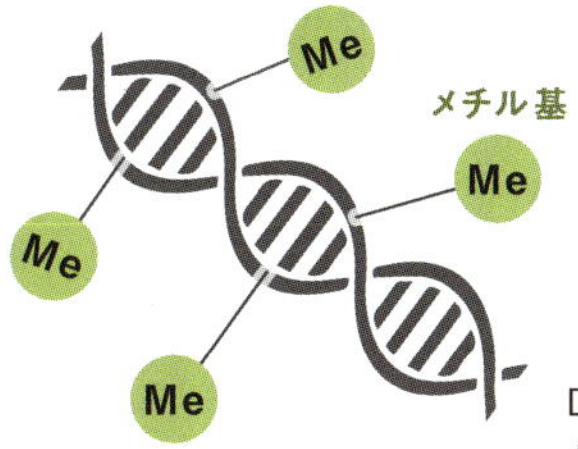

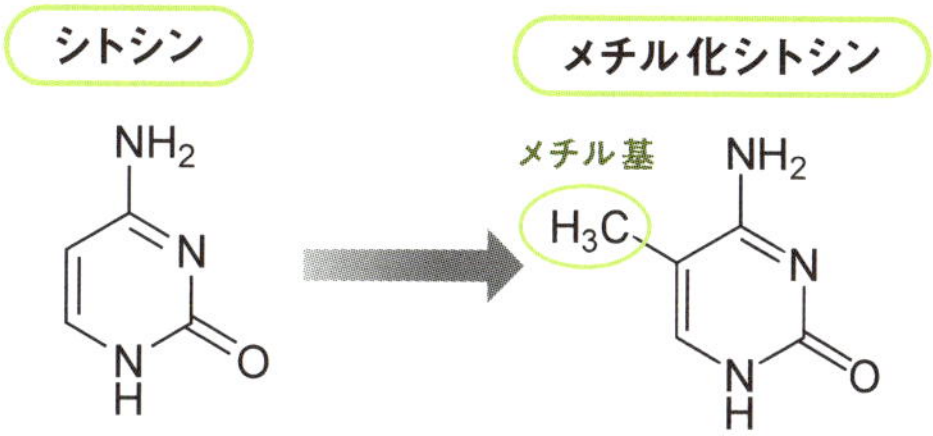

DNAの塩基のひとつであるシトシン（C）にメチル基という分子構造が付加されると、その領域の遺伝情報は読み取られなくなります。

ヒストン修飾

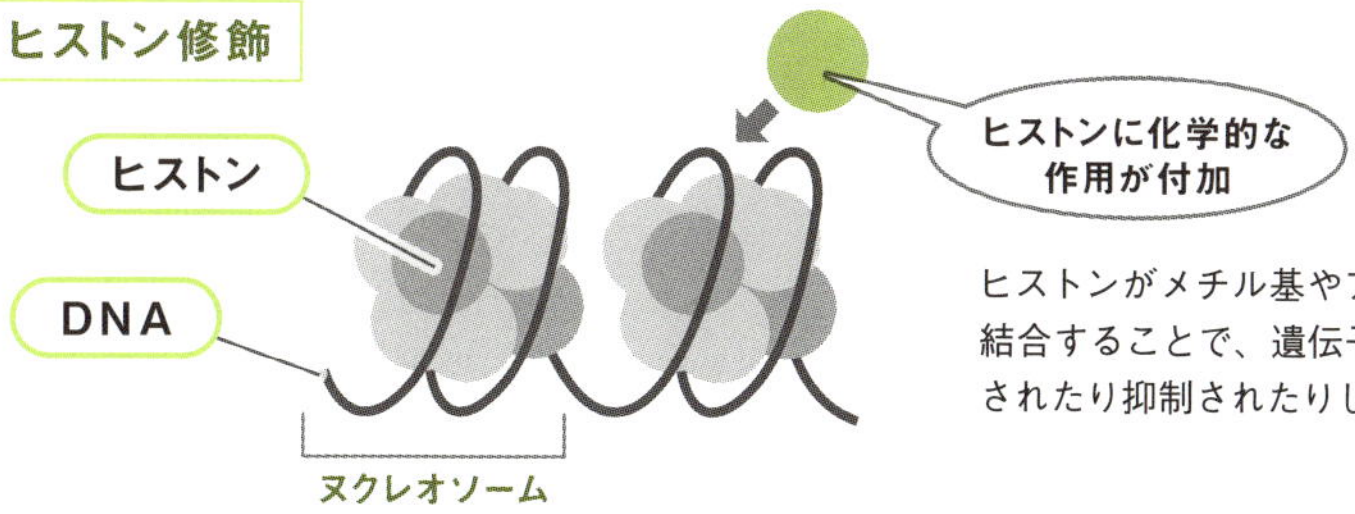

ヒストンがメチル基やアセチル基などが結合することで、遺伝子の発現が活性化されたり抑制されたりします。

エピジェネティックな形質も遺伝する?

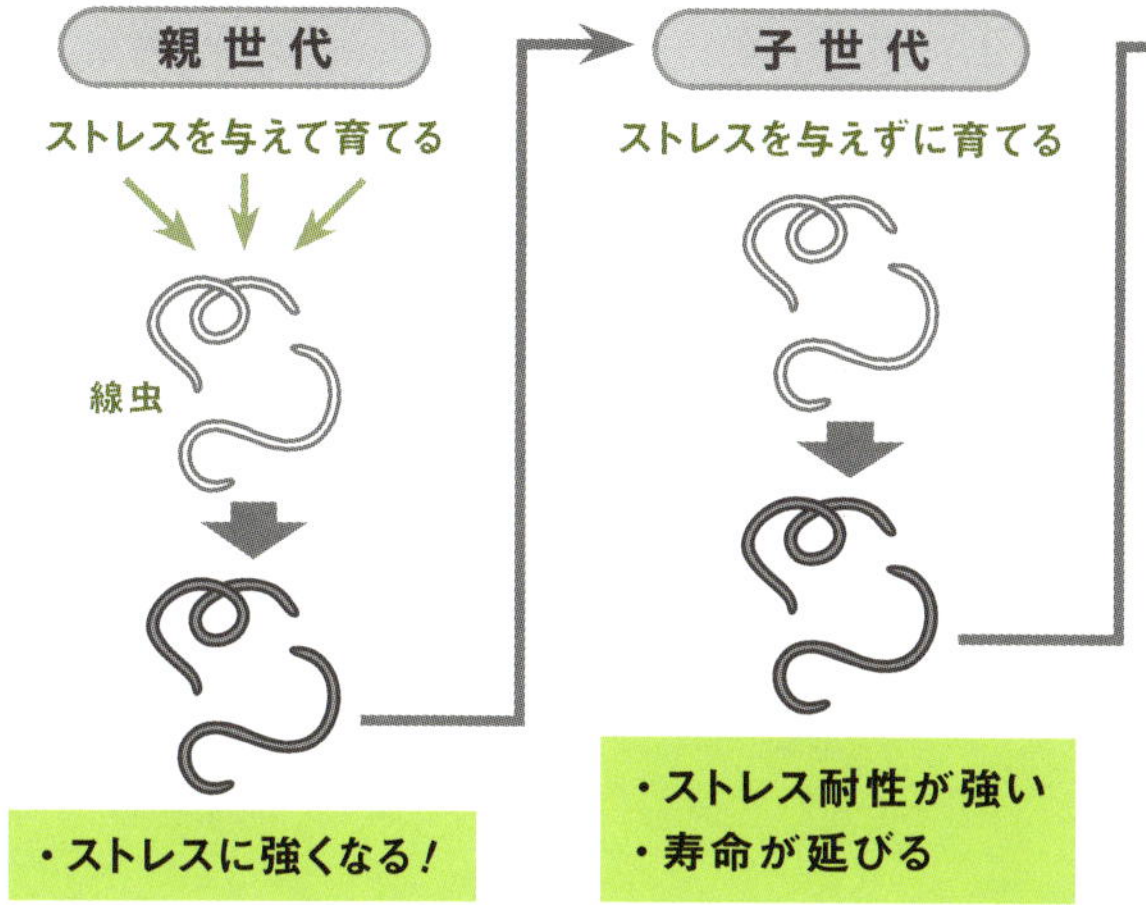

線虫にさまざまなストレスを与えながら育てると、ストレスに強くなります。その性質は子や孫の世代にも受け継がれ、ストレスを与えずに育ててもストレスへの耐性が強いという研究結果が発表されています。

06 よく聞くゲノムって何？

すべての遺伝情報の総称がゲノム

遺伝に関するニュースなどで「ゲノム」という言葉をよく耳にすると思います。ゲノムは遺伝子を意味する「gene（ジーン）」と、集合という意味の「ome（オーム）」を合わせた言葉で**「その生物が持っている、すべての遺伝情報」を指します。**DNAの構成は生物によって異なるので、イネのゲノムはイネゲノム、大腸菌のゲノムは大腸菌ゲノム、ヒトのゲノムはヒトゲノムと呼びます。

細胞が分裂する際、核の中のDNAはコンパクトに折りたたまれて棒状の物体に変化します。これが「染色体」と呼ばれるものです。私たちは母親と父親から染色体を23本ずつ受け継いでいて（詳しくは20ページを参照）、各細胞に23対46本の染色体を持っています。ヒトの細胞内におさめられている、これらすべての染色体に書き込まれている遺伝情報（DNAの塩基の配列）がヒトゲノムです。

ゲノムを調べれば、私たちの体がどのようにつくられ、遺伝子がどのようにはたらいているか知ることができます。そこで、1990年より、ヒトが持つ約30億対の塩基を解読する「ヒトゲノムプロジェクト」が開始。2022年に解読の完全な完了が発表されました。これらの情報をもとに、私たちに恩恵をもたらすさまざまな研究が日々行われています。

ゲノム、DNA、染色体の関係

細胞の中のDNAはほどけたヒモのような形をしていますが、細胞分裂を始めると「染色体」と呼ばれる棒状の物体になります。これらの染色体に記録されている、すべての遺伝情報のことを「ゲノム」といいます。

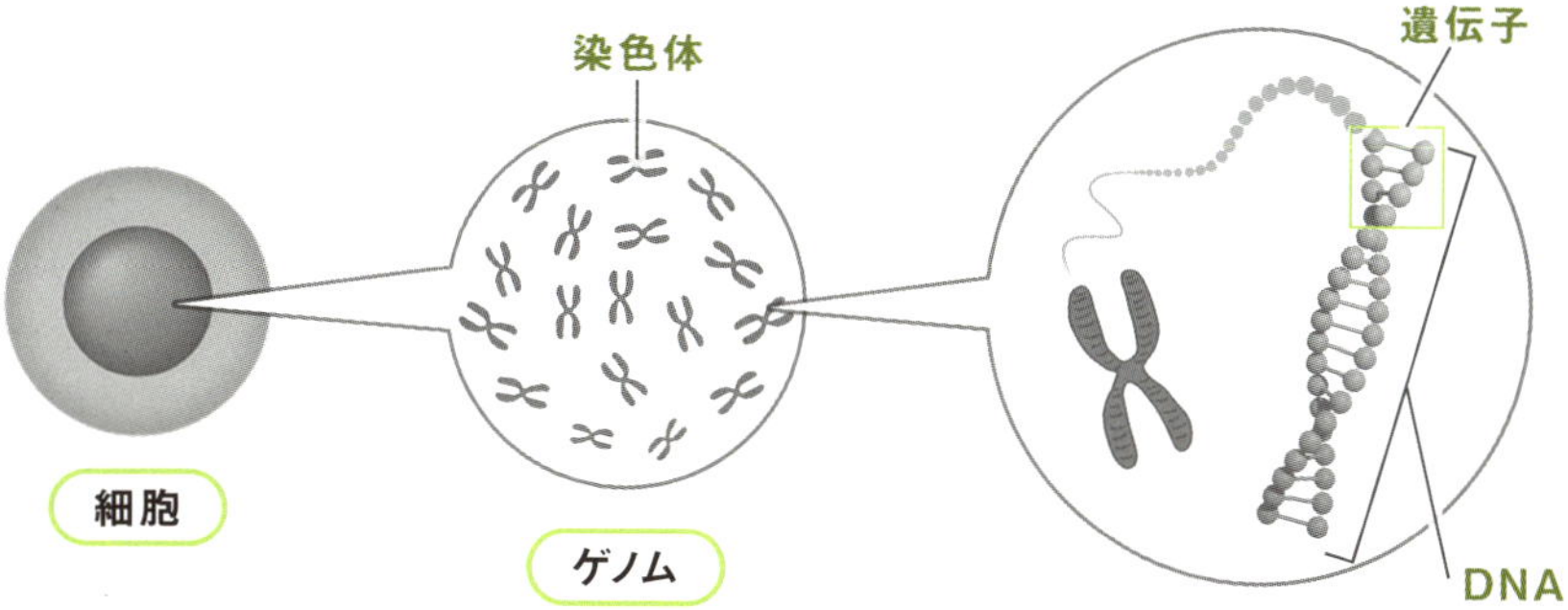

細胞内のヒトの染色体の数は23対46本

ヒトが持つ46本の染色体のうち44本は「常染色体」といいます。残る2本は男性と女性で異なるため「性染色体」と呼ばれていてX染色体を2本持つXX型だと女性、XとY染色体を1本ずつ持つXY型だと男性になります。

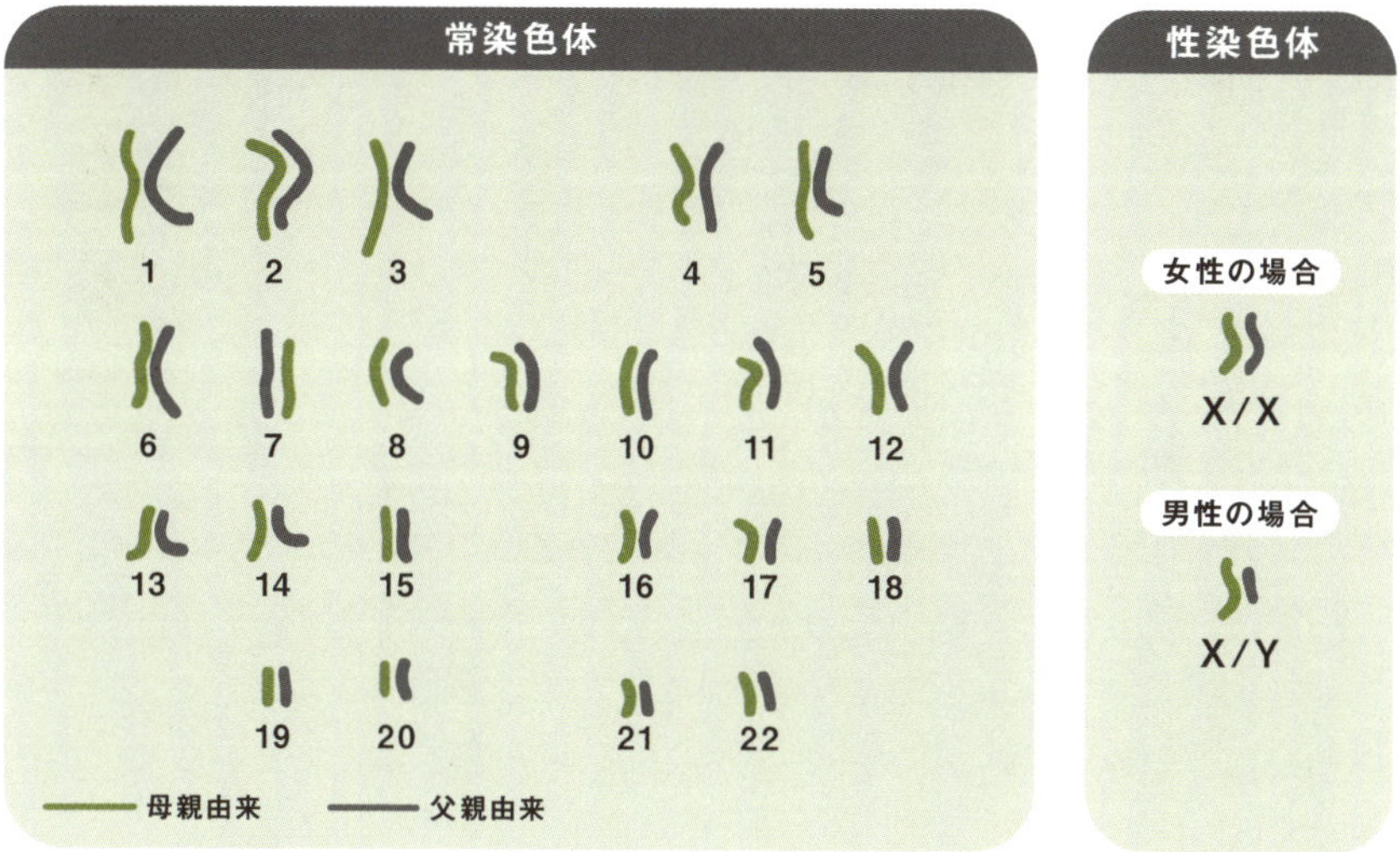

07 親の形質を伝える「染色体」

減数分裂が多様性を生み出す

ここでは、遺伝子がどのようにして親から子へ伝えられていくのか見てみましょう。

卵子と精子は染色体の数が半分になる「減数分裂」という特殊な細胞分裂によってつくられます。おおまかな流れは左ページの上の図のとおりです。わかりやすくするため、それぞれ染色体を1対だけ抜き出して図にしていますが、実際にはこれが23対あると考えてください。

卵子と精子がつくられる際、対になっている染色体が分かれ、そのどちらかがランダムに選ばれて23対46本から半分の23本になります。そして、精子と卵子が受精して受精卵になると、父親と母親から23本ずつ染色体を引き継いで、23対46本に戻ります。したがって、**両親と子の染色体の一致率は50%になります。**

減数分裂時には「染色体の組み換え」も起きます。減数分裂は2回の分裂を経ており（左ページ下の図を参照）、1回目の分裂の際に祖母由来の染色体と祖父由来の染色体の交差が起きます。このときに祖母由来の染色体と祖父由来の染色体がランダムにつぎはぎされて部分的に入れ替わってしまうことがあります。これが染色体の組み換えで、**両親が持っていたものとは異なる、新しい配列の遺伝子が子に受け継がれます。ゆえに親と子はほどほどにしか似ておらず、多様性が生まれるのです。**

染色体は減数分裂を経て子に受け継がれる

精子と卵子をつくるとき、減数分裂が起きて染色体の数はそれぞれ半分になります。そして、受精によって母親と父親から1組23本ずつの染色体が子に受け継がれるのです。

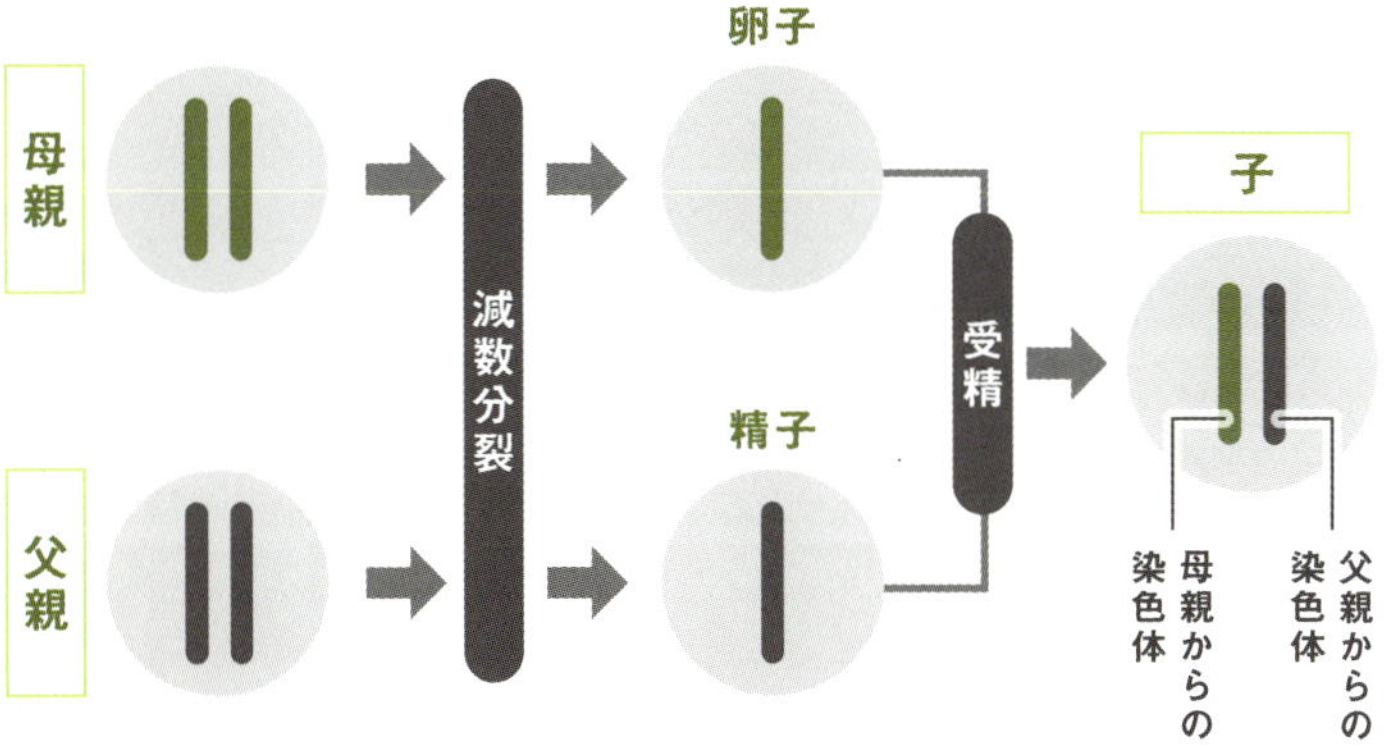

減数分裂時に起きる染色体の組み換え

減数分裂では2回の分裂が行われます。このとき祖父由来と祖母由来の染色体が一部を入れ替えて遺伝子の組み合わせを変化させます。これにより、生まれてくる子どもに多様性が生じるのです。

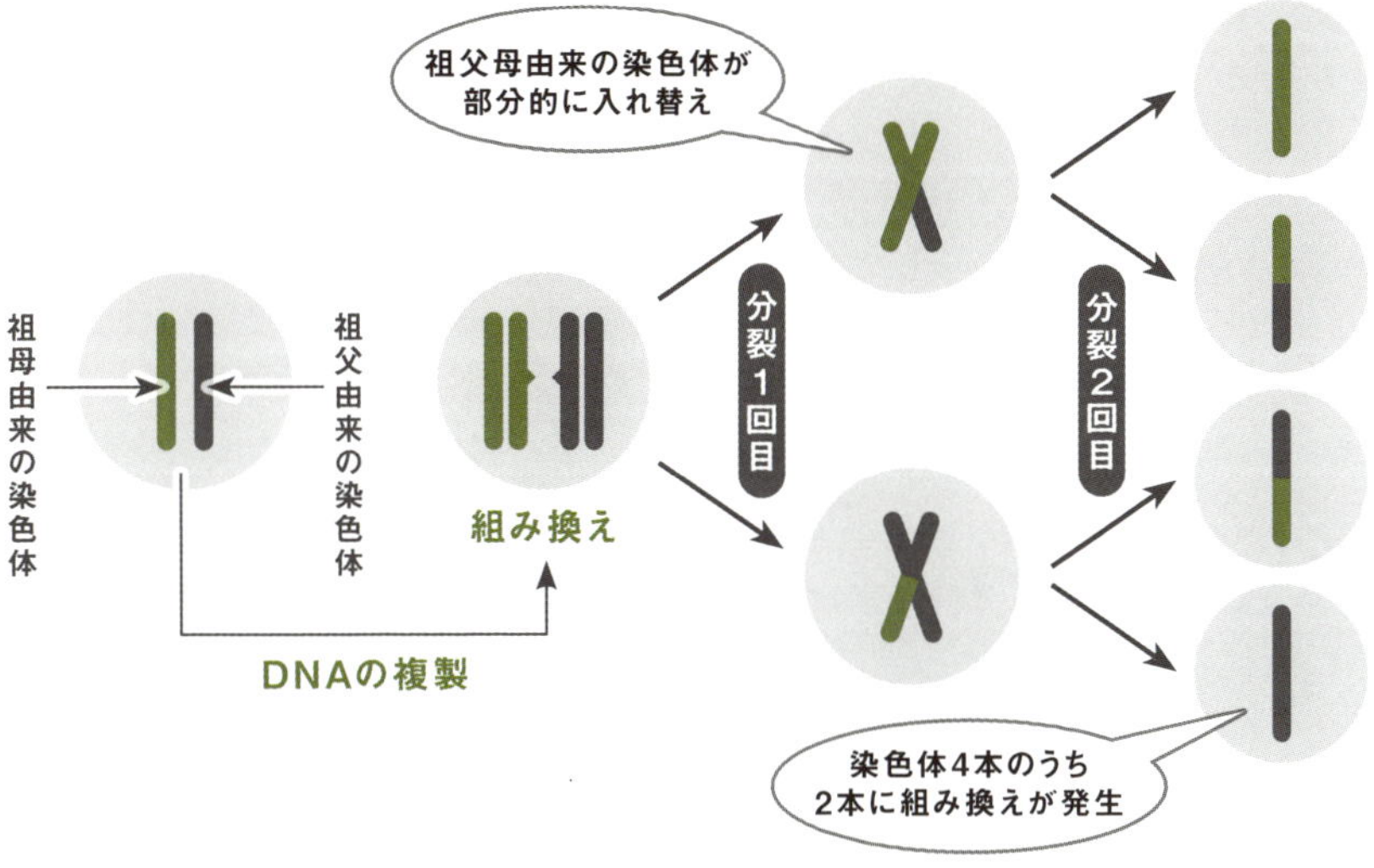

08 遺伝の謎を解明した「メンデルの法則」

親から子へ形質はどう遺伝するか?

実際に親から子へ形質がどのように遺伝するのか。その法則を解き明かしたのが、19世紀のオーストリアの修道士グレゴール・メンデルです。彼が明らかにした遺伝の仕組みは、「メンデルの法則」の名前で広く知られています。

メンデルは**植物のエンドウマメを使って交配を繰り返し、形質の遺伝について8年間研究しました。**たとえばさやの色に関しては、黄色と緑色のエンドウマメをかけ合わせると、子は中間の黄緑色になるのではなく、すべて黄色になります。そしてこの黄色の子同士をかけ合わせたところ、孫世代は黄色3：緑色1の割合になりました。このことから、メンデルは**遺伝子には優性（顕性）と劣性（潜性）があり、優性の遺伝子が含まれていれば優性の形質が、劣性の遺伝子だけなら劣性の形質が現われることを発見したのです。**詳細は次のページで解説しますが、メンデルは「優性の法則」、「分離の法則」、「独立の法則」の3つを導き出しました。

なお、その後の研究により、メンデルの研究結果は特殊な事例であることが判明しています。多くの形質では複数の遺伝子が関与し、もっと複雑で多様な遺伝が行われているのです。それでもメンデルの法則は遺伝の仕組みの基礎としてたいへん重要であり、遺伝を知るうえで欠かせないのは間違いありません。

メンデルの法則とは？

メンデルは8年間にも及ぶエンドウマメ交配の研究から、以下で紹介する「優性の法則」、「分離の法則」、「独立の法則」の3つを導き出しました。2個の遺伝子の組み合わせで形質の受け継がれ方が変わる仕組みは、遺伝の基礎としてとても重要です。

A…さやの色を黄色にする遺伝子
a…さやの色を緑色にする遺伝子

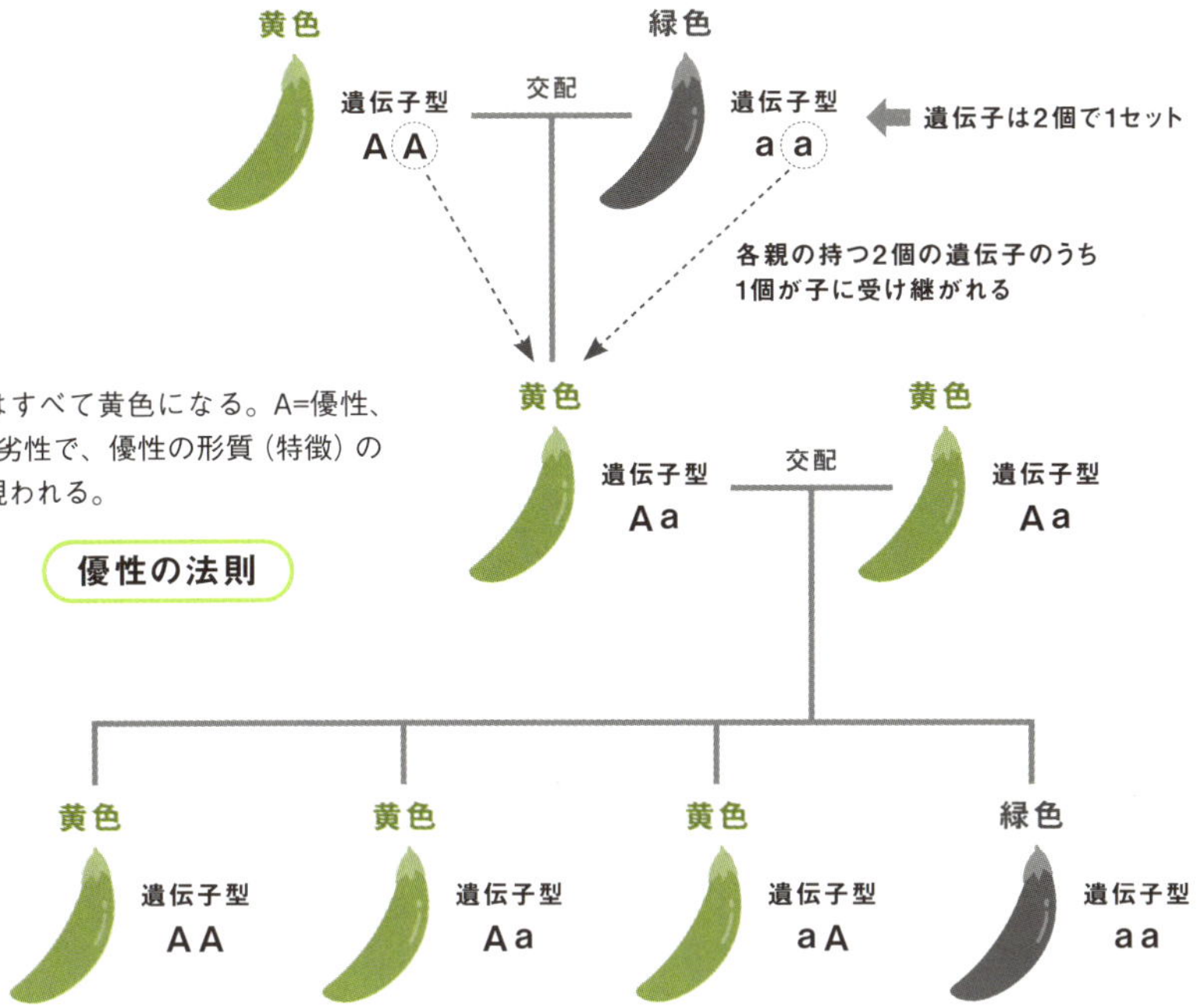

子はすべて黄色になる。A=優性、a＝劣性で、優性の形質（特徴）のみ現われる。

優性の法則

子は黄色が3、緑色が1の割合で生まれた。両親の持つ遺伝子Aとaが等しい割合で子に受け継がれた結果といえる（子はAA、Aa、aA、aaの4通りで、aaの場合のみ緑色となる）。

分離の法則

さやの色以外にも、さやの形、豆の形、豆の色、花の色、花のつき方、茎の高さについても、同様に「優性の法則」や「分離の法則」が見られた。それぞれの形質が独立して子に受け継がれている。

独立の法則

09 子どもの血液型はどうやって決まる？

血液型を遺伝子型で考えると明快

私たちの血液型も、遺伝の仕組みがわかりやすく現われる例のひとつです。血液型にはA型、B型、AB型、O型の4種類があり、親と同じ血液型の子が生まれやすいという話は聞いたことがあるかと思います。

この血液型にはA、B、Oの3つの遺伝子が関与していて、「AA」や「AO」のように**ふたつの遺伝子がくっつくことで血液型が決まります。**AAやAOならA型、BBやBOならB型、ABならAB型、OOならO型です。A遺伝子とB遺伝子は優性、O遺伝子は劣性で、優性の遺伝子が血液型となって現われます。

22ページで述べたように、親の持つ遺伝子のうちどちらか片方が子に受け継がれますから、たとえばA型（AO）とB型（BO）という遺伝子型の両親からは、A型（AO）、B型（BO）、AB型（AB）、O型（OO）の4通りの子が生まれることになります。一方、同様にA型とB型の両親でも、遺伝子型がAAとBBだった場合は、子はAB型（AB）しか生まれません。このように遺伝子型で考えると、子に伝わる血液型がわかりやすいでしょう。

なお、**血液型はA遺伝子由来のA抗原とB遺伝子由来のB抗原のどちらを持っているかを表わしたもので、違う抗原の血液を輸血すると免疫反応により重篤な症状に陥る危険があります。**

血液型と遺伝子の関係

血液型に関わる遺伝子

A遺伝子… A型糖転移酵素をつくる。この酵素は血液中にA抗原をつくる
B遺伝子… B型糖転移酵素をつくる。この酵素は血液中にB抗原をつくる
O遺伝子… 上記酵素を作らない

遺伝子型と血液型

O遺伝子は劣性のため、優性のA遺伝子やB遺伝子との組み合わせだと血液型O型としては現われない

AA、AO…A型　BB、BO…B型　AB…AB型　OO…O型

遺伝子は2個で1セット

血液型は、一般的には血液中のA抗原とB抗原の有無によって判定される

- A抗原だけ持っている… A型
- B抗原だけ持っている… B型
- A抗原とB抗原の両方を持っている… AB型
- A抗原もB抗原も持っていない… O型

親から子への血液型の遺伝

例1 A型（AO）とB型（BO）の両親の場合
※() 内は遺伝子型

父 A型（AO）　母 B型（BO）
両親それぞれの遺伝子をひとつずつ受け継ぐ

子

母＼父	A	O
B	AB［AB型］	BO［B型］
O	AO［A型］	OO［O型］

父からはAかOの遺伝子、母からはBかOの遺伝子を受け継ぎ、子は上記の4通りのいずれかになる

例2 A型（AA）とB型（BB）の両親の場合
※() 内は遺伝子型

父 A型（AA）　母 B型（BB）
両親それぞれの遺伝子をひとつずつ受け継ぐ

子
AB型（AB）

父からは必ずA遺伝子、母からは必ずB遺伝子を受け継ぐため、子はAB型にしかならない

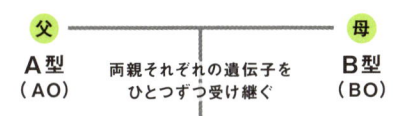

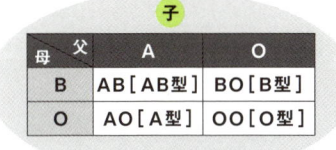

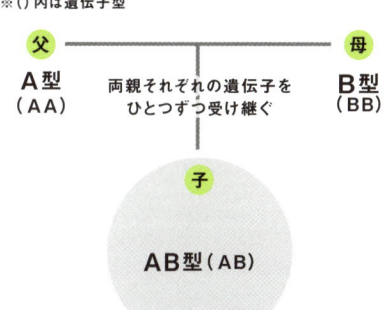

10 孫の世代に形質が伝わる「隔世遺伝」の仕組み

劣性遺伝子が世代を経て現われる

親の持つ形質が子ではなく孫に受け継がれるという場合もあります。父や母には似ていないけれど祖父や祖母に似ている、という子を見たことがないでしょうか。このように、**1世代飛ばして形質が伝わる現象を隔世遺伝といいます。**

この隔世遺伝も、22ページで紹介したメンデルの法則をベースに考えるとわかりやすいでしょう。血液型を例にすると、たとえばO型（遺伝子型OO）とAB型（AB）の両親から生まれるのはA型（AO）とB型（BO）の子だけで、O型（OO）の子は生まれません。しかし、A型（AO）の子がA型（AO）やB型（BO）の相手と結婚すると、孫の世代ではO型（OO）が現われる可能性があります。O型の血液型が、子の世代を飛ばして孫の世代で再び現われる……つまり隔世遺伝というわけです。

この例のように、劣性の遺伝子が子の世代では発現せず、孫の世代で劣性遺伝子同士が結びつくことで隔世遺伝が起こります。このとき、孫の世代でも優性遺伝子の陰に隠れてしまい、ひ孫以降の世代でようやく表に現われる場合もあります。なお、血液型のほかにも、二重まぶた（優性）と一重まぶた（劣性）、巻き毛（優性）と直毛（劣性）、耳たぶが福耳（優性）か平耳（劣性）かなどにおいても、劣性の形質は隔世遺伝する可能性があります。

血液型における隔世遺伝

O型の父親とAB型の母親からの例

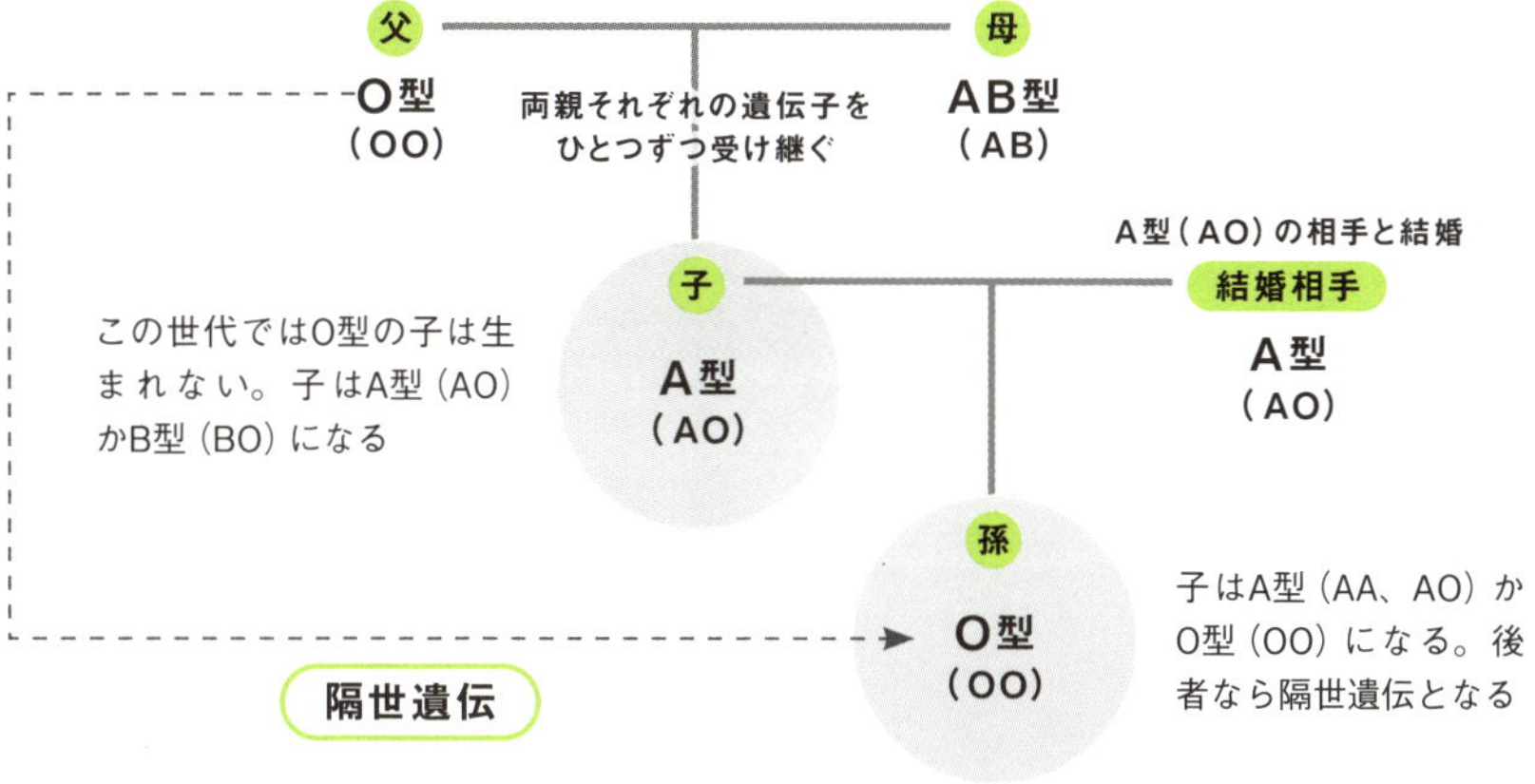

上記は血液型の隔世遺伝を表わしたものです。O型（遺伝子型OO）とAB型（AB）の両親からはO型の子は生まれませんが、子に潜在的にO遺伝子が受け継がれることで、孫の代ではO遺伝子同士がくっついて再びO型が現われる可能性があります。父のO型が子の世代を飛ばして孫世代に受け継がれるという隔世遺伝です。

そのほかにも「一重まぶた」などが隔世遺伝する

遺伝子の種類

A… 二重まぶたの遺伝子（優性）
a… 一重まぶたの遺伝子（劣性）

遺伝子型とまぶたの種類

AA,Aa …二重まぶた
aa…………一重まぶた

父の持つ一重まぶたの遺伝子aが、子の世代では二重まぶたAの陰に隠れてしまいますが、孫の世代でa同士がくっつくと再び一重まぶたが現われます。

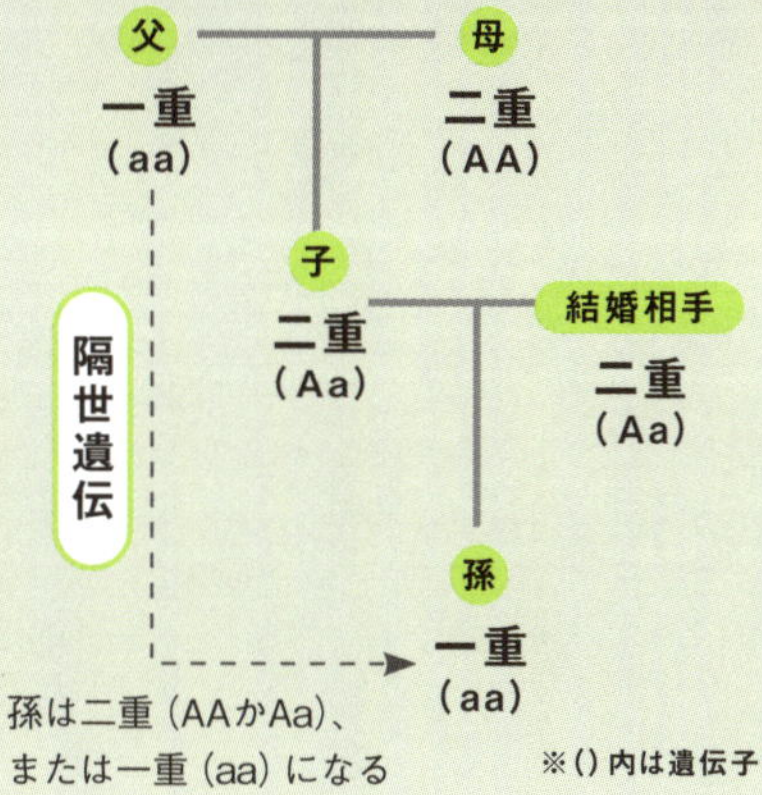

※（）内は遺伝子型

11 X染色体が引き起こす「伴性遺伝」とは

性別によって遺伝の発現が変化

19ページの図で紹介したように、女性はX染色体を2本、男性はXとY染色体を1本ずつ持っています。**このX染色体に遺伝の形質が現れるのが「伴性遺伝」です。**

その代表的な例が「赤緑色覚異常」です。色覚異常の遺伝子はX染色体にあり、同じX染色体の正常な遺伝子に対して劣性になります。したがって、**女性はX染色体のどちらかに色覚異常の遺伝子があっても、もう1本に正常な遺伝子が乗っていれば発症することはありません。**

しかし、**男性はX染色体を1本しか持っておらず、対となるY染色体に色覚異常に対立する遺伝子もないので、色覚異常の遺伝子が乗ったX染色体を引き継ぐと発症してしまいます。**そのため、発症する割合は女性が0・2%なのに対して男性は5%で、圧倒的に男性のほうが多くなっています。また、発症しなかった女性も、2本のX染色体のうちの1本に色覚異常の遺伝子があれば「保因者（キャリア）」となり、その遺伝子は子や孫へと伝わっていきます。

伴性遺伝のそのほかの疾患の例に「血友病」があります。血液が固まりにくくなる病気で、おもに遺伝によって生じます。有名な事例が19世紀のイギリス王室で、ビクトリア女王が血友病の保因者であったため、代々にわたって男性の子孫に多くの血友病患者が出ています。

色覚異常を引き起こす伴性遺伝の仕組み

父親が色覚異常の場合

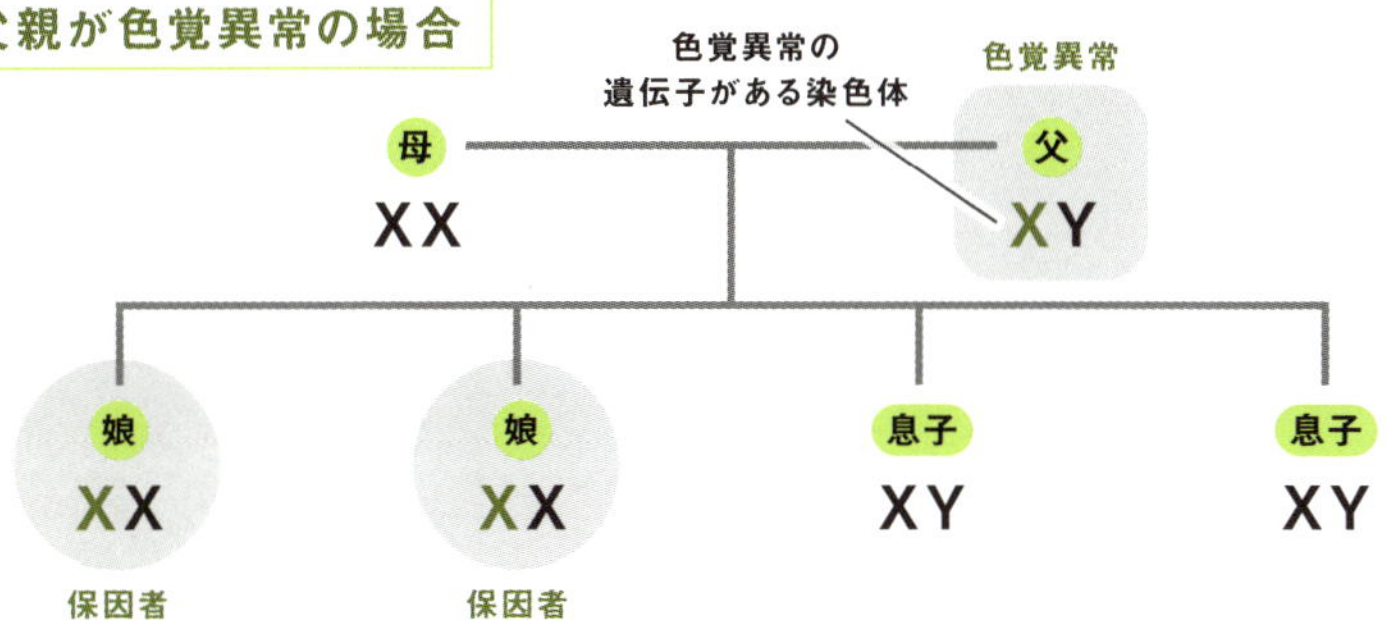

父親から娘にX染色体上の色覚異常遺伝子が伝わりますが、女性はX染色体が2本あるので発症しません。しかし、保因者となり、子どもにその遺伝子が伝わっていきます。

母親が色覚異常遺伝子の保因者の場合

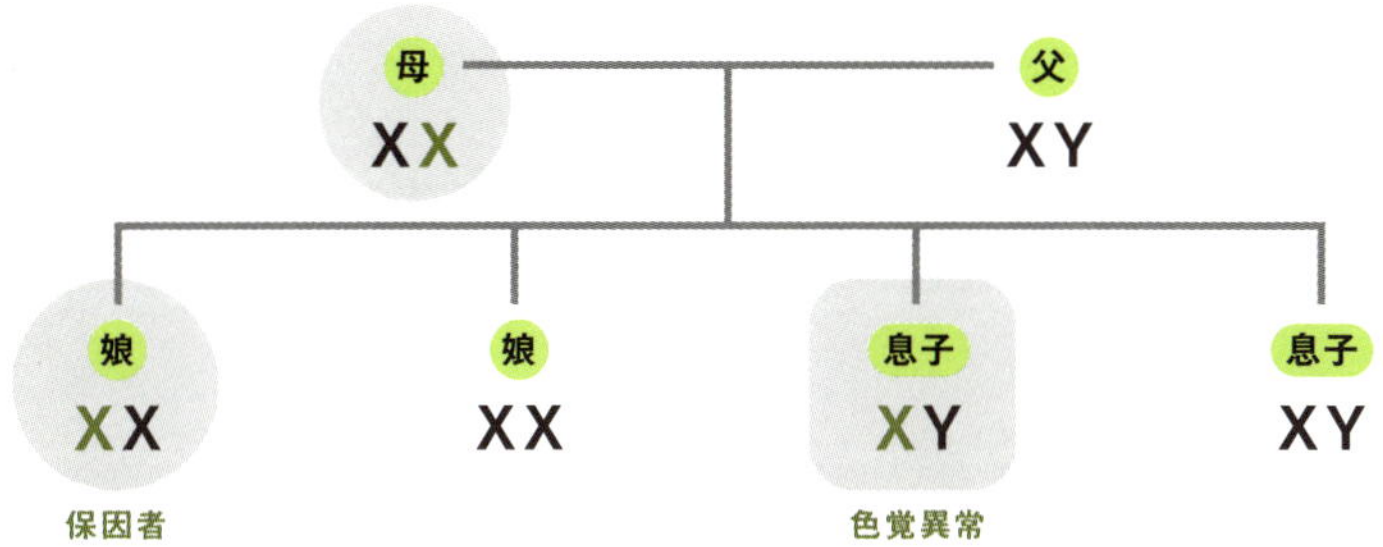

男性はX染色体が1本しかないため、母親から受け継いだ、どちらかのX染色体に色覚異常遺伝子が乗っていれば、色覚異常を発症することになります。

ミニコラム　大きくもあるが、わずかとも言える男女の違い

ヒトという生物において、どの人種も染色体は同じ23対46本で、そこに違いはありません。それだけに、X染色体とY染色体という完全に異なる染色体を持つ男女の違いは大きく、ある意味で別の生物ともいえるのかもしれません。とはいえ、男女とも染色体46本のうち45本は同じで、性染色体のどちらかがXかYかという、わずか46分の1の違いだけです。そう考えると、女性と男性にほとんど差はないともいえるのです。

12 同じ親からさまざまな子が生まれる理由

きょうだいで遺伝子はそれぞれ異なる

きょうだいは似ているとよくいわれますが、体格やパーソナリティなどがぜんぜん違うということも珍しくはありません。**実際、きょうだいは、それぞれ異なる独自の遺伝的素質を持って生まれてくるのです。**

母親の卵子と父親の精子がつくられる際、減数分裂が起きますが、このとき祖母由来の染色体と祖父由来の染色体のどちらが伝わるかはランダムです。ヒトの染色体は23対ですから、卵子や精子が持つ染色体の組み合わせは2の23乗で約840万通り。受精卵は精子と卵子の染色体が1セットずつ対になるので、**子に引き継がれる染色体の組み合わせは、おおざっぱに計算しても840万×840万で約70兆という天文学的数字になります。**さらに、21ページで説明したように染色体の間で組み換えも起き、祖母由来の染色体と祖父由来の染色体がランダムにつぎはぎされます。したがって、**きょうだいが同じ組み合わせの染色体を受け継ぐ可能性はほぼゼロに近く、そのバリエーションは無限といえます。**ゆえに、きょうだいがあまり似ていなくてもなんら不思議ではなく、むしろそちらのほうが自然なのです。

なお、きょうだいでDNAが100パーセント一致するケースがひとつだけあります。それが一卵性双生児で詳細は42ページで説明します。

子どもへの遺伝子の伝わり方は無限

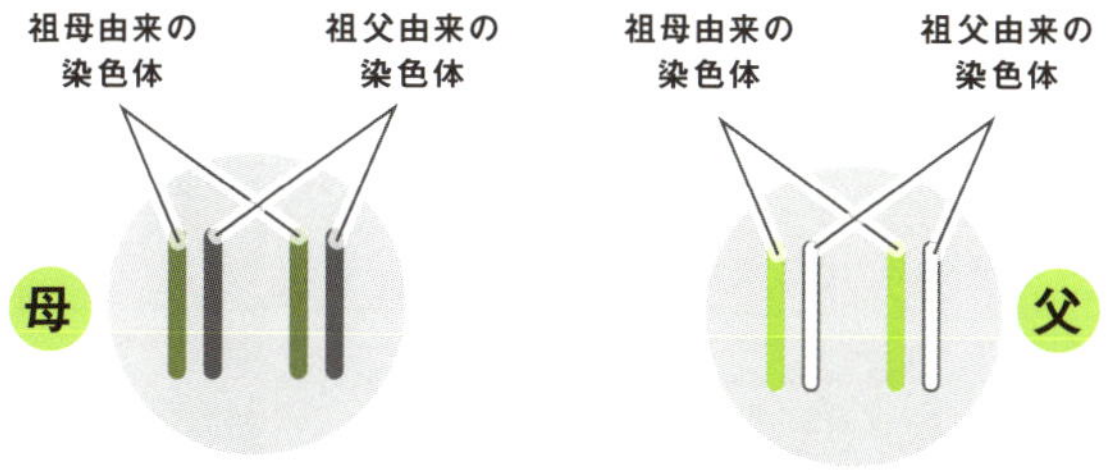

父親と母親はそれぞれの祖父と祖母から受け継いだ、23対46本の染色体を持っています。

精子と卵子が持つ染色体の組み合わせは2の23乗で約840万通り。さらに、染色体の組み換えも起きます。

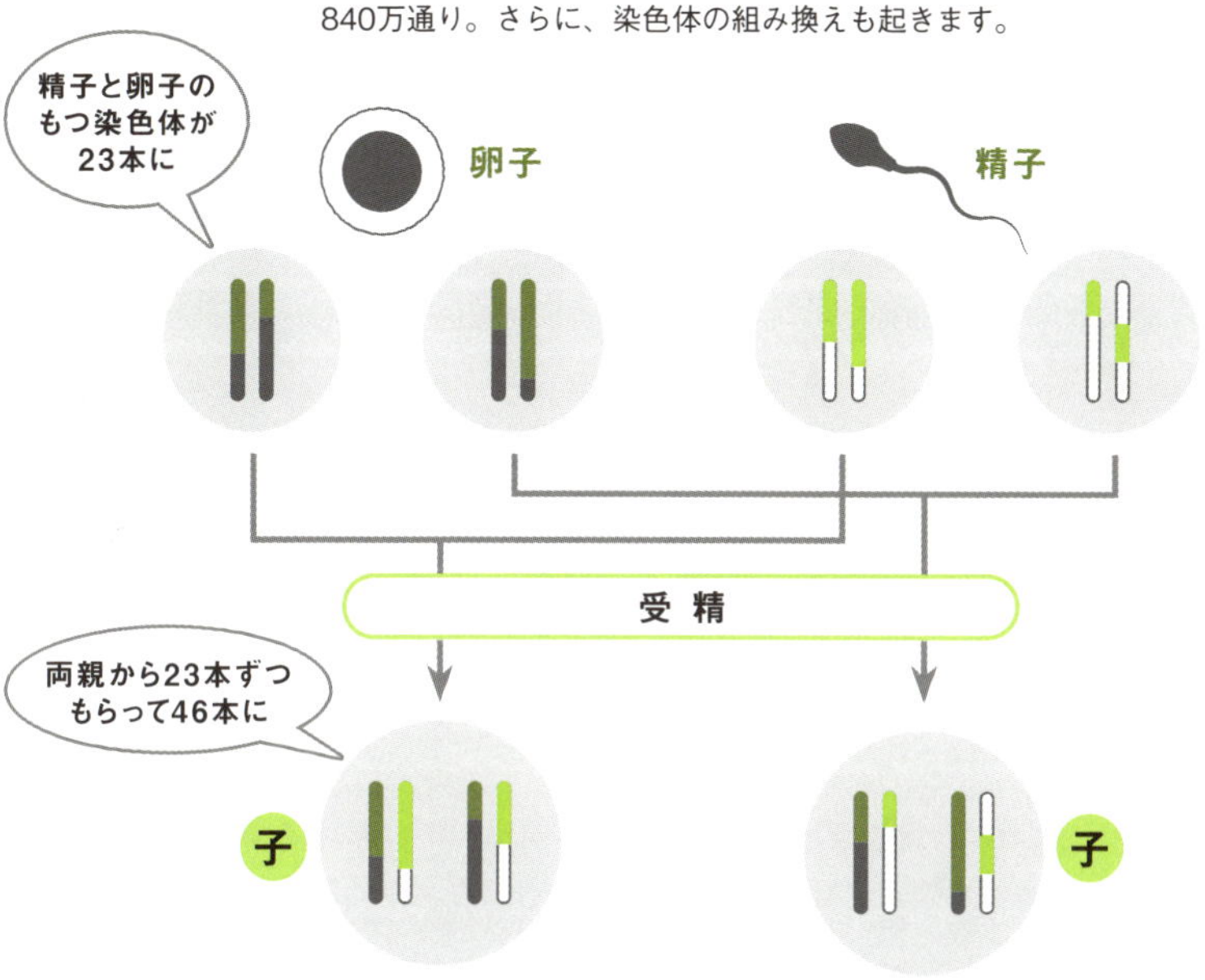

きょうだいは染色体の50%が一致しますが、このように組み合わさり方はさまざまで、そのバリエーションは無限といえます。

13 「トンビが鷹を生む」は本当？

ポリジーンがバリエーションを生み出す

前のページで、親から子に引き継がれる遺伝のバリエーションは無限であることを説明しました。では、平凡な親から優秀な子が生まれる「トンビが鷹を生む」はありうるのでしょうか。

遺伝的な形質は単一の遺伝子だけで決まることは少なく、たいていは多数の遺伝子が関わっています。このような遺伝を「ポリジーン」と呼びます。この考え方に沿って、次のようなシミュレーションをしてみましょう。

まず、5対の染色体にそれぞれ対立遺伝子があり、それらの組み合わせで決まる形質があると仮定します。それぞれの遺伝の効果は1点か0点だけとすると、左ページの図のような合計5点となる組み合わせを持つ両親の子は最小で2点、最大で8点になります。両親が平均的でも著しく優秀な子や平均よりも劣る子が生まれる可能性があることがわかるでしょう。このような、**効果の足し合わせで遺伝的素質が決まるタイプの遺伝を「相加的遺伝」といいます。**

実際、平均的な身長の両親から生まれてくる子どもの身長が遺伝的にどれくらい散らばるか算出したところ、社会全体の身長の分布とほぼ同じでした（左ページのグラフ参照）。つまり、同じ両親から多様な遺伝的素質を持つ子どもが生まれる可能性があり、「トンビが鷹を生む」も、その逆も普通に起きることなのです。

「トンビが鷹を生む」のメカニズム

5対10組の対立遺伝子の組み合わせで決まる形質があり、それぞれの効果が1点か0点と仮定します。この場合、父親と母親からそれぞれ0点か1点が子に受け継がれて対になるので、たとえば父親の5対のうちのひとつが「0、1」で母親が「1、0」だとすると、子は最小で「0、0」、最大で「1、1」となります。したがって、父親と母親の5対の遺伝型の組み合わせが右の図のようであった場合、両親ともに平均的な5点でも最大で8点、最小で2点の子がそれぞれ約15%の確率で生まれうるのです。

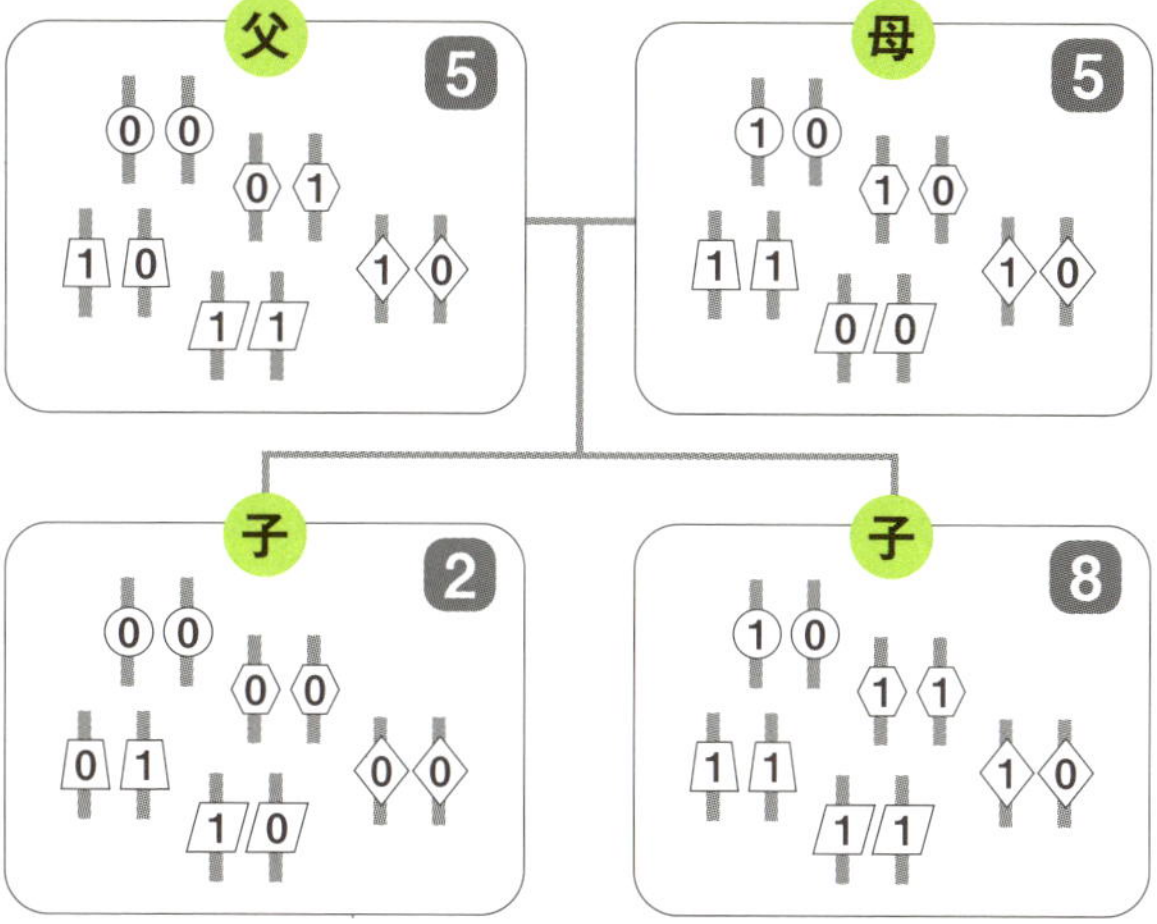

身長ひとつとっても家庭内でばらつく

平均的な身長を持つ一組の父母から生まれる子どもの身長が、どれくらい遺伝的に散らばるかを算出し、集団全体の散らばりと比較したグラフです。一組の両親から生まれる子どもの身長のばらつき方は、社会全体とほぼ変わらないことがわかるでしょう。

●一組の父母から生まれる子どもの身長の遺伝的散らばり

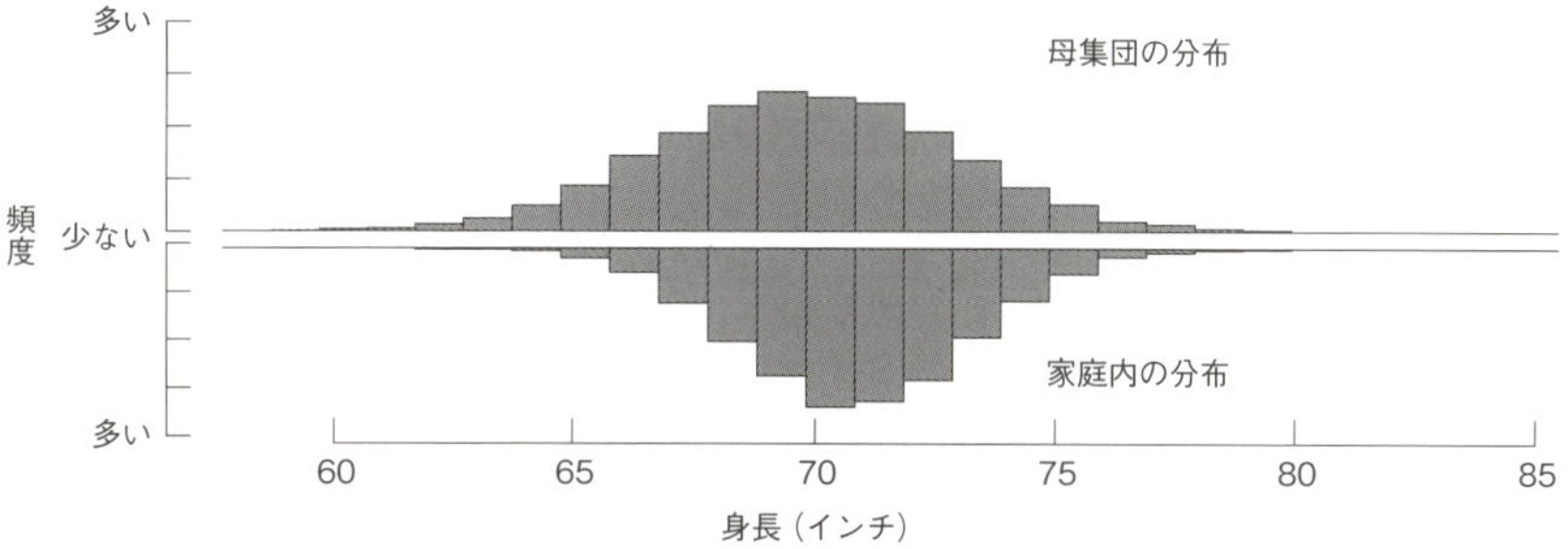

Harden, Kathryn Paige. The Genetic Lottery (p.119). Princeton University Press

きょうだいでも遺伝的素質は他人と同じくらい違う

14 遺伝子の「やらかし」こそが進化のカギ

DNAのコピーミスが進化を促がす

細胞分裂時に、DNAは同じ構造のDNAを100%に近い精度で複製しますが、ときにはコピーミスが起きます。もちろん、細胞にはこのようなコピーミスを修復する機能がありますが、**稀に修復もれが起きてDNAの塩基配列が変わってしまうことがあるのです。このようなDNAの変化を「突然変異」といいます。突然変異は放射線、紫外線、化学物質などの影響によって起きることもあります。**

突然変異によってDNAに変化が生じると、タンパク質をつくる際にmRNAに転写される塩基配列も変わってしまい、本来合成されるはずのタンパク質がつくられなくなったり、タンパク質の機能が変化してしまったりする場合があります。こうした変化はがんなどの病気の原因になります。また、DNAの変異が子や孫に受け継がれる場合もあり、遺伝病の原因のひとつと考えられています。

このように、DNAのコピーミスはおそろしいものですが、**一方でその変異が個体にとって有利にはたらくこともあります。**そうしたDNAの変化が何百年もの年月をかけて積み重なっていけば、ひとつの種が新たな種に枝分かれすることもありえます。これが生物の進化で、人類が現在のような姿になったのも、DNAのコピーミスのおかげかもしれないのです。

DNAのコピーミスによって遺伝情報が変化

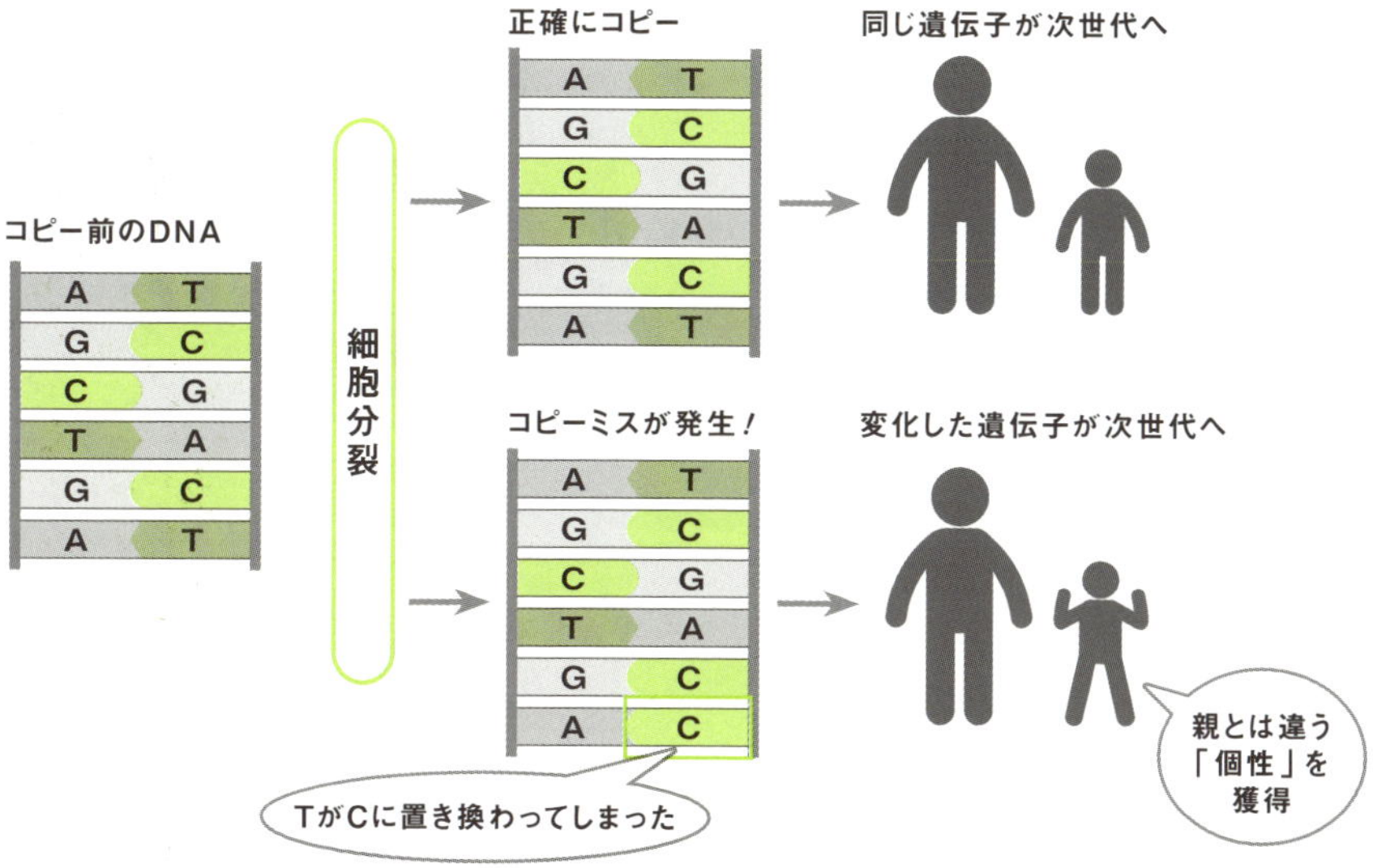

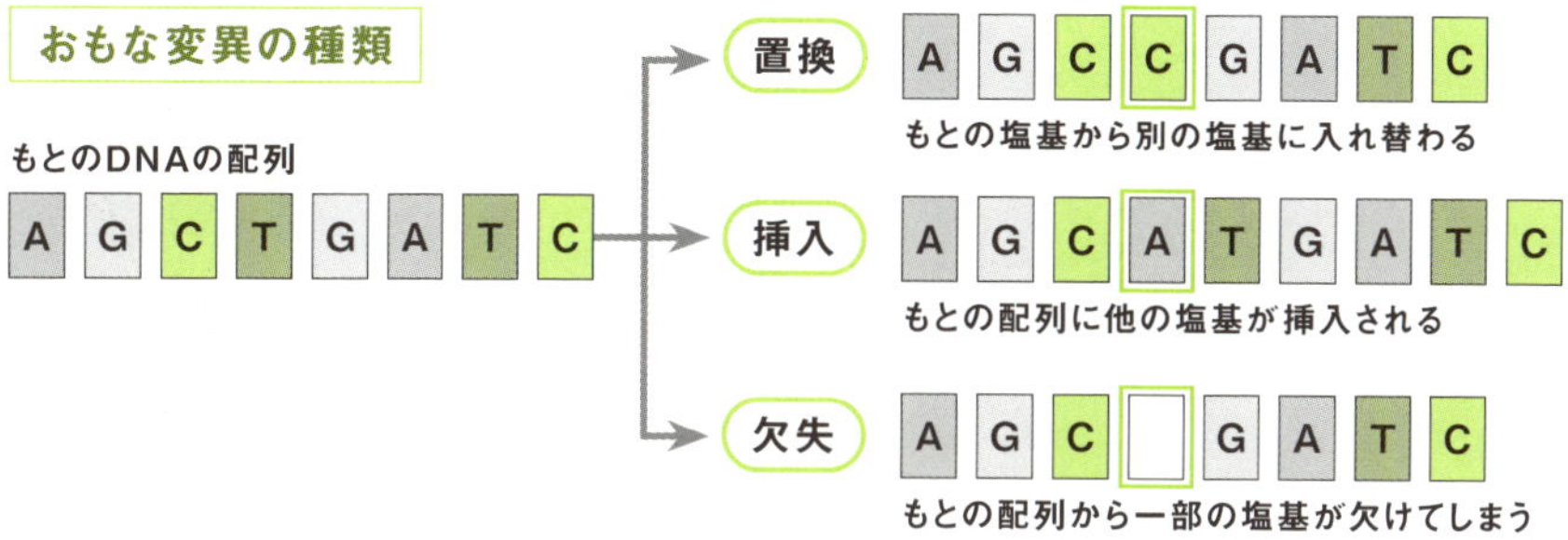

ミニコラム 「野生型」と「変異型」って？

人類発祥の地であるアフリカ起源で多くの人が持っている標準の遺伝子を「野生型」、その後、突然変異などで遺伝子のはたらきが変わってしまったものを「変異型」といいます。変異型には環境に適合して野生型と違った形質を発現するものもあれば、何の影響も引き起こさない中立的なものもあります。とくに有名な変異型が鎌状赤血球症で、野生型と変異型をひとつずつ持っていると、マラリアにかかりにくくなることが知られています。

15 食品などの「遺伝子組み換え」って何？

世界に広がる遺伝子組み換え作物

「遺伝子組み換え作物」とは、ある作物のDNAに他の生物のDNAを組み込んでつくられた「新しい性質を持つ作物」のことです。20ページで紹介した「染色体の組み換え」とはまったく違うものなので間違えないでください。

この技術の利点は、同じ品種同士を掛け合わせる従来の品種改良よりも、効率よく有用な形質をもたせられることです。たとえば、おいしい味がよくて病気に強いトマトに病気に強くなる遺伝子を組み込むと、トマトがよくて病気に強いトマトができるわけです。青いバラも遺伝子組み換えによって作られたものです。青いバラは自然界に存在しておらず、青いパンジーの持つ青の色素をつくる遺伝子をバラの遺伝子に組み込むことで生み出されました。このように、**遺伝子組み換えは別種の生物の遺伝子を組み込むことも可能で、害虫を殺す性質や農薬への耐性を持つもの、収穫量が増えるもの、栄養素がより豊富なものなど、さまざまな性質を持つ作物が実用化されています。**

一方で、遺伝子組み換え作物には人体や環境への影響を心配する声も根強くあります。そのため、日本では国際的な基準にもとづいて安全性が厳格に審査されており、大豆、トウモロコシ、ナタネなどの食品9作物と、これらを原料としている豆腐、ポテトスナックなど33品目の加工食品の販売・流通のみが認められています。

品種改良と遺伝子組み換えはどう違う?

従来の品種改良では交配を繰り返して性質を改良していました。しかし、遺伝子組み換えは別の遺伝子を組み込むことで効率よく性質を変えられるのです。

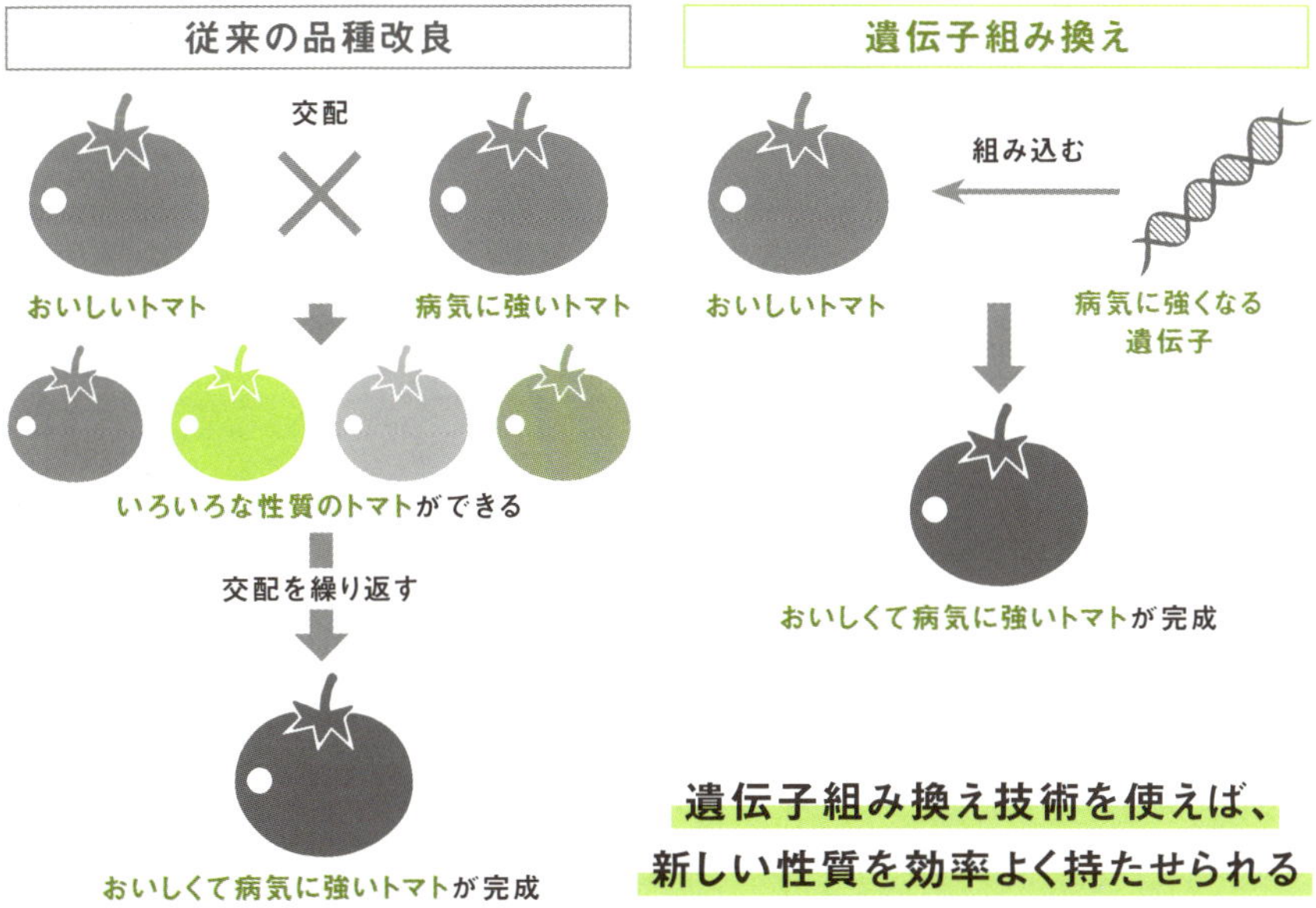

青いバラも遺伝子組み換えで誕生

青色のパンジーから「青い色素をつくる遺伝子」を取り出し、バラのゲノムに組み込むことで青いバラを人工的につくり出すことに成功しました。

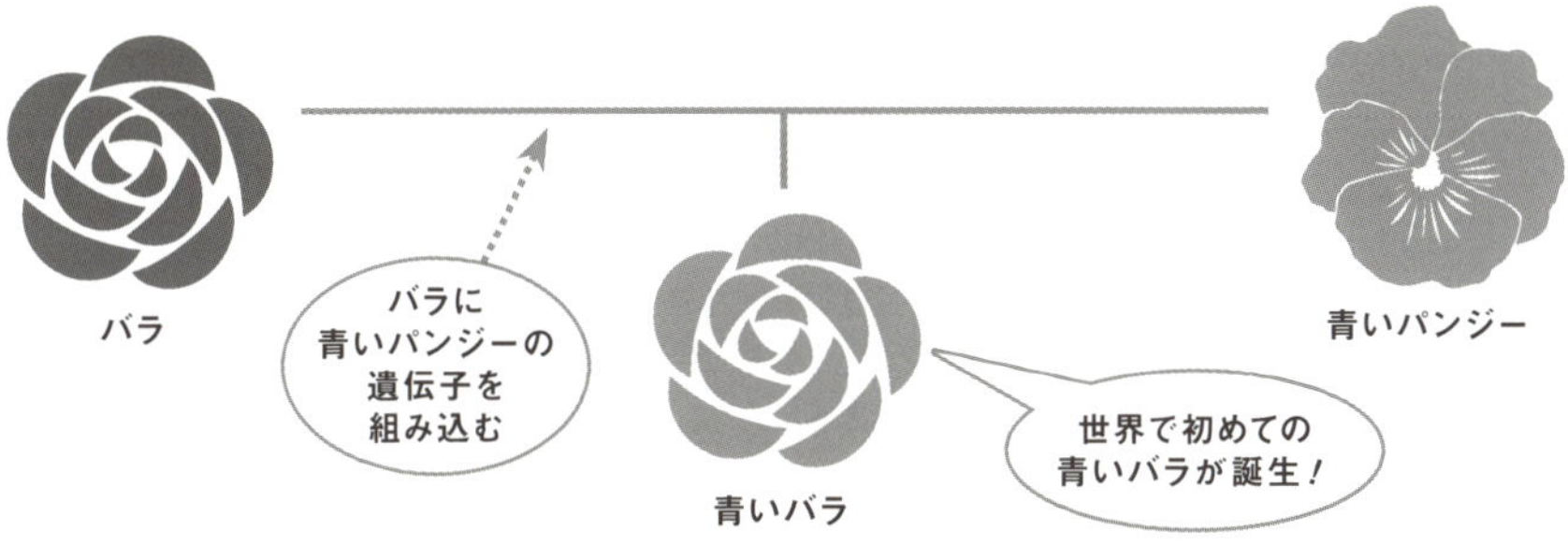

16 遺伝子操作で「子どもをデザイン」できる？

技術的に可能だが問題も多い

遺伝子組み換えは別の生物の遺伝子を組み込むというものですが、近年は「ゲノム編集」という新たな技術も注目を集めています。

ゲノム編集とはハサミの役割をする酵素でDNAを切断し、特定の遺伝子の機能を強化したり、はたらかなくしたり、別の機能を持たせたりする技術です。遺伝子組み換えは他の生物の遺伝子がゲノムのどこに組み込まれ、どのようにはたらくかコントロールできないなどのリスクがありますが、ゲノム編集はその生物が持つDNAの狙った箇所を直接編集するので、より安全で効率もよいとされています。農業や水産業での応用も進んでいて、この技術を用いてGABAという栄養素を豊富に含むトマトなども生み出されています。

ゲノム編集の技術を使えば、遺伝子を原因とするさまざまな病気を治療できる可能性があります。さらに、受精卵の遺伝子を操作することで、親が望む能力を持つ子どもを生み出す「デザイナーベビー」も技術的に可能になりつつあるのです。しかし、ある遺伝の機能を強化することで、別の健康被害を引き起こすおそれがあるなど将来への影響は未知数です。人間の能力をデザインすることが許されるのかという倫理的な問題もあり、ヒトへの利用はどこまで許されるのか、よく考えるべきでしょう。

遺伝子を直接書き換えるゲノム編集

ゲノム編集はもともと持っている遺伝子を直接書き換えるというもので、遺伝子組み換えよりも確実に狙った効果を出せるというメリットがあります。

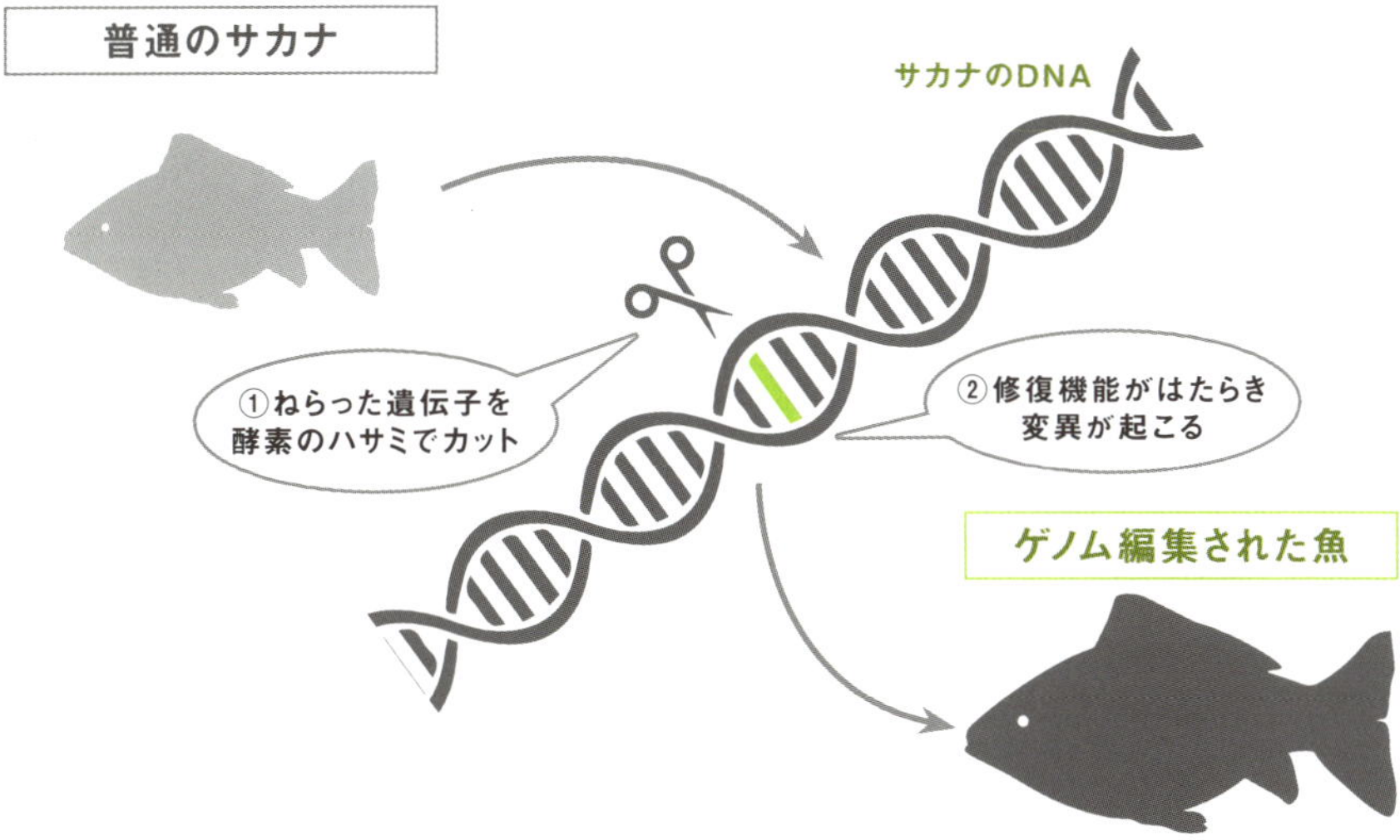

ゲノム編集によって、より肉厚なサカナが誕生！

ヒトへの利用はどこまで許される？

受精卵の段階で遺伝子を操作するデザイナーベビーは技術的に可能なところまできています。しかし、そんなことを行ってもいいのでしょうか？

デザイナーベビーの問題点

- ミスをしたらどうする？
- 思わぬ負の側面が現れる可能性も
- そもそも倫理的に許されるのか？

こんなスーパーな子どもができるかも、でも……

17 遺伝の謎を紐解くカギ！「行動遺伝学」

遺伝と環境の影響を解き明かす

知力、身体能力、性格など、ある人が備えているさまざまな形質に「遺伝」と「環境」はどのくらい影響しているのか――これを明らかにしようというのが「行動遺伝学」です。その中心的手法となっているのが、一卵性双生児と二卵性双生児を比較する「双生児法」で、詳しい内容は次の項で説明しますが、膨大なふたごのデータをもとに遺伝と環境の影響を調べる研究が行われています。

そんな行動遺伝学を知るうえで、まずおさえておきたいのが、環境には「共有環境」と「非共有環境」というふたつがあるということです。**共有環境は家族のメンバーを「似させようとする環境」、非共有環境は「異ならせようとする環境」のことをいいます。**では、家庭での習慣や子育てなどが共有環境、地域や学校など家庭外のことが非共有環境かというと、必ずしもそうではありません。確かに、家でのしつけは共有環境としてはたらくことが多いですが、同じしつけでも個人によって影響は異なり、非共有環境としてはたらくこともあります。何が共有環境で何が非共有環境か、簡単に分類できるものではなく、あくまで抽象的で概念的なものなのです。この2種類の環境には、以降のページでたびたび触れることになるので、これらの定義をよく踏まえておいてください。

遺伝と環境が個人差にどう関わっているのか探る

行動遺伝学はヒトの行動の個人差に遺伝と環境がどのように関わっているのか、科学的な手法を用いて解き明かそうという学問です。

私たちの個性は遺伝と環境がつくり出している

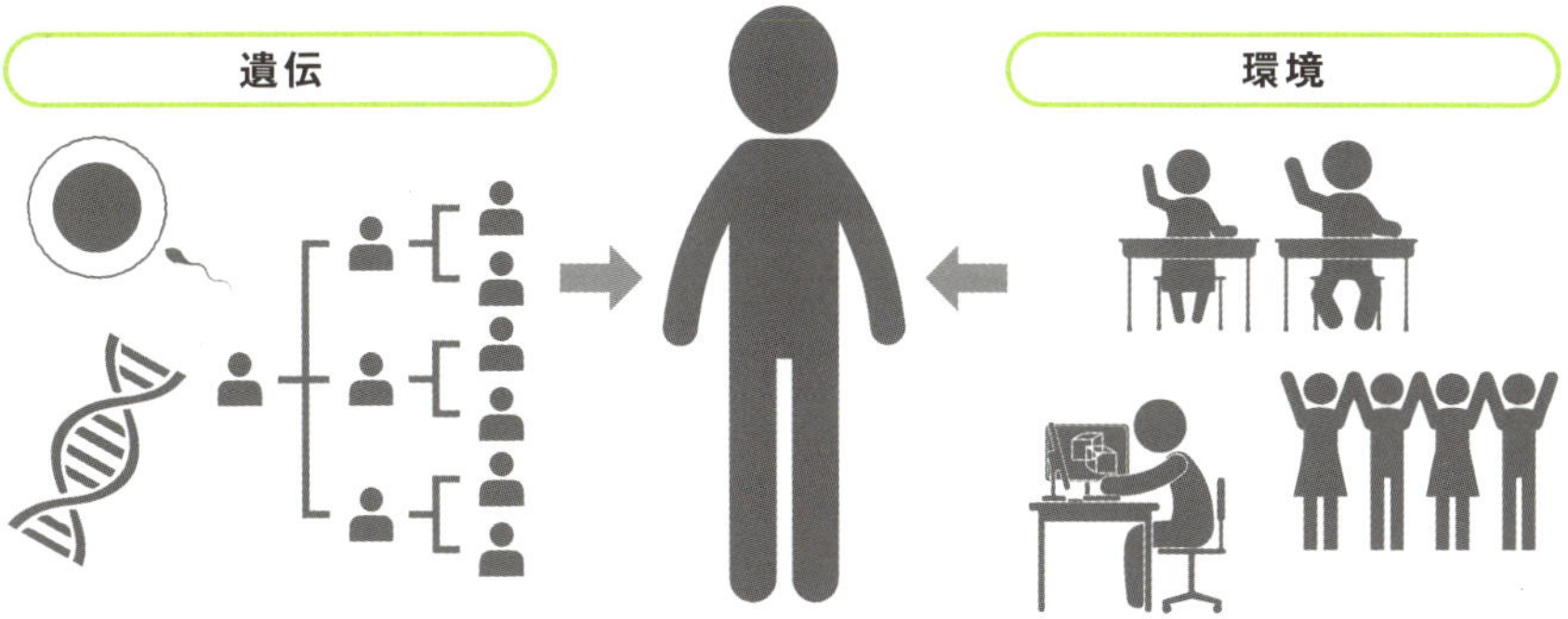

共有環境、非共有環境って何？

行動遺伝学においては、家族のメンバーを似させようとする環境のことを「共有環境」、家族のメンバーを異ならせようとする環境のことを「非共有環境」といいます。

共有環境

家族を似させようとする環境

非共有環境

家族を異ならせようとする環境

何が共有環境、非共有環境と簡単には言えない

家庭でのしつけは共有環境としてはたらくことが多いですが、子どもの性格の違いなどによっては非共有環境としてはたらくこともあります。

家庭外の環境が非共有環境とされがちですが、学校で友だちや先生が同じなど共有環境としてはたらく可能性もあるわけです。

18 ふたごの研究でわかった遺伝の影響

一卵性双生児は天然のクローン

ここでは、「双生児法」について具体的に説明していきましょう。一卵性双生児は1個の受精卵が、細胞分裂時に何らかの理由によって分離したことによって生まれてくるふたごです。ひとつの受精卵から生まれるので、DNAの一致率は100％で性別も必ず同じになります。

一方、二卵性双生児は2個の卵子にそれぞれ別の精子が受精して子宮の中で一緒に育ちます。そのため、同時に生まれること以外は、普通のきょうだいと同じで、DNAの一致率も50％ほどになります。

双生児法は、このふたごの特性を利用したものです。一卵性と二卵性のデータを集め、ある形質についての類似性を比べます。同じ家庭で育ち、DNAもまったく同じ一卵性のペアのほうが、育った環境が同じでも一致率が50％の二卵性のペアよりも似ているのであれば、それは遺伝の影響と判断できます。一方、**一卵性と二卵性のどちらも同じくらい似ている、あるいは一卵性でもあまり似ていないのであれば、40ページで説明した「共有環境」や「非共有環境」が影響していると考えられるわけです。**

ちなみに、ふたごがどのくらい似ているかは「相関係数」という数値で表わします。ある形質について完全に同じであれば相関係数は「1」に、まったく違っていれば「0」になります。

ふたごはどのようにして生まれてくるのか

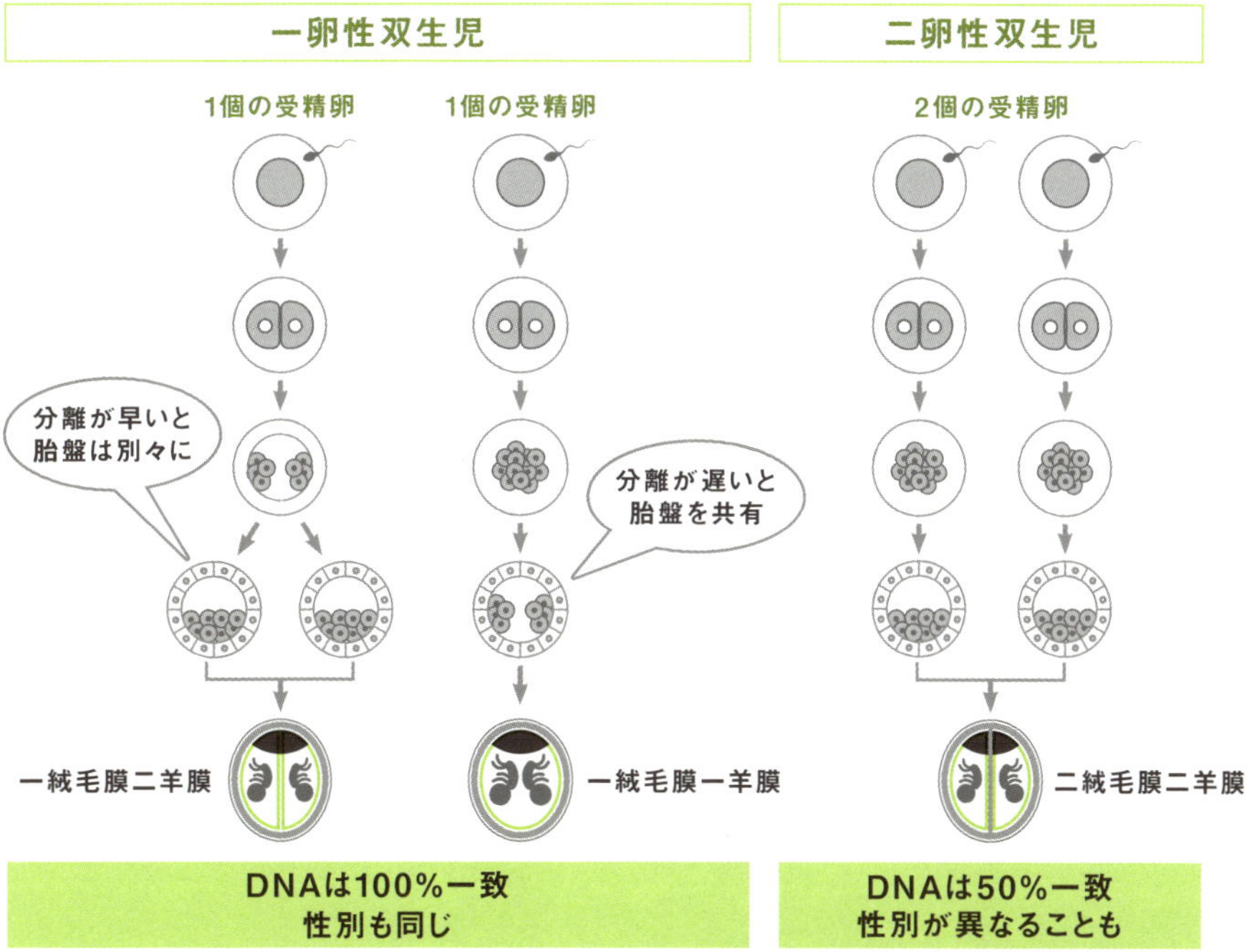

「双生児法」で遺伝と環境の関わりを探る

たくさんの一卵性双生児と二卵性双生児のデータを集め、類似性を比較します。同じDNAを持つ一卵性双生児のほうが似ていれば、それは遺伝の影響と考えられるわけです。

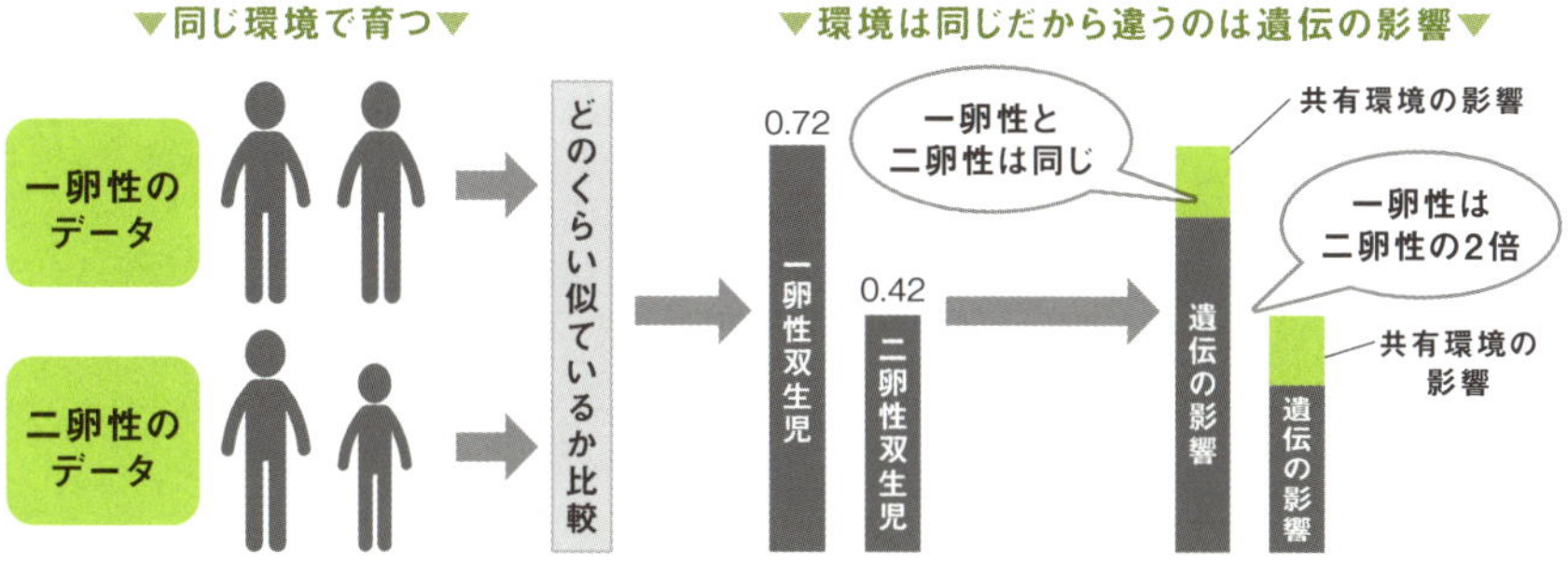

ふたごのデータは何を物語る？

双生児法からわかること

では、双生児法でどんなことがわかってきたのでしょうか。左ページの上のグラフは身体、知能、学業成績、パーソナリティなどの一卵性双生児と二卵性双生児の相関係数を比べたものです。**いずれの形質も、一卵性双生児が二卵性双生児を上回っている**ことがわかるでしょう。つまり、これらの形質は**すべて遺伝の影響を受けている**ということです。

ただ、遺伝だけの影響なら、DNAの一致率が100％の一卵性双生児と50％の二卵性双生児の相関係数の比率はだいたい2：1になるはずです。しかし、そうなっていないということは、**遺伝だけではなく、家族を似させようとする共有環境も関わっていると考えられるわけです。**また、遺伝子が完全一致する一卵性でも相関係数が1にならないということは、似させないようにする非共有環境がはたらいていることを示しています。

遺伝、共有環境、非共有環境の寄与率の求め方も紹介しておきます。まずは、非共有環境からです。ふたごのデータが完全に同じであれば相関係数は1になるはずですから、非共有環境の寄与率は完全な一致を示す1から一卵性の相関係数を引くことで求められます。次は遺伝と共有環境です。一卵性と二卵性はDNAの一致率が2：1なので、二卵性の遺伝の影響は一卵性の半分になるはずです。一方、共有環境の影響は一卵性も二卵性も同じなので、これらの条件を満たす方程式（左ページの下の図を参照）を解けば、それぞれの寄与率を算出できます。

さまざまな形質に遺伝は影響している

体格、IQ、パーソナリティなど、さまざまな形質について一卵性双生児と二卵性双生児の相関係数の値を比較したグラフです。いずれも一卵性双生児の数値が上回っており、これらすべてに遺伝の影響があることが見て取れます。

●さまざまな形質の一卵性双生児と二卵性双生児の相関係数

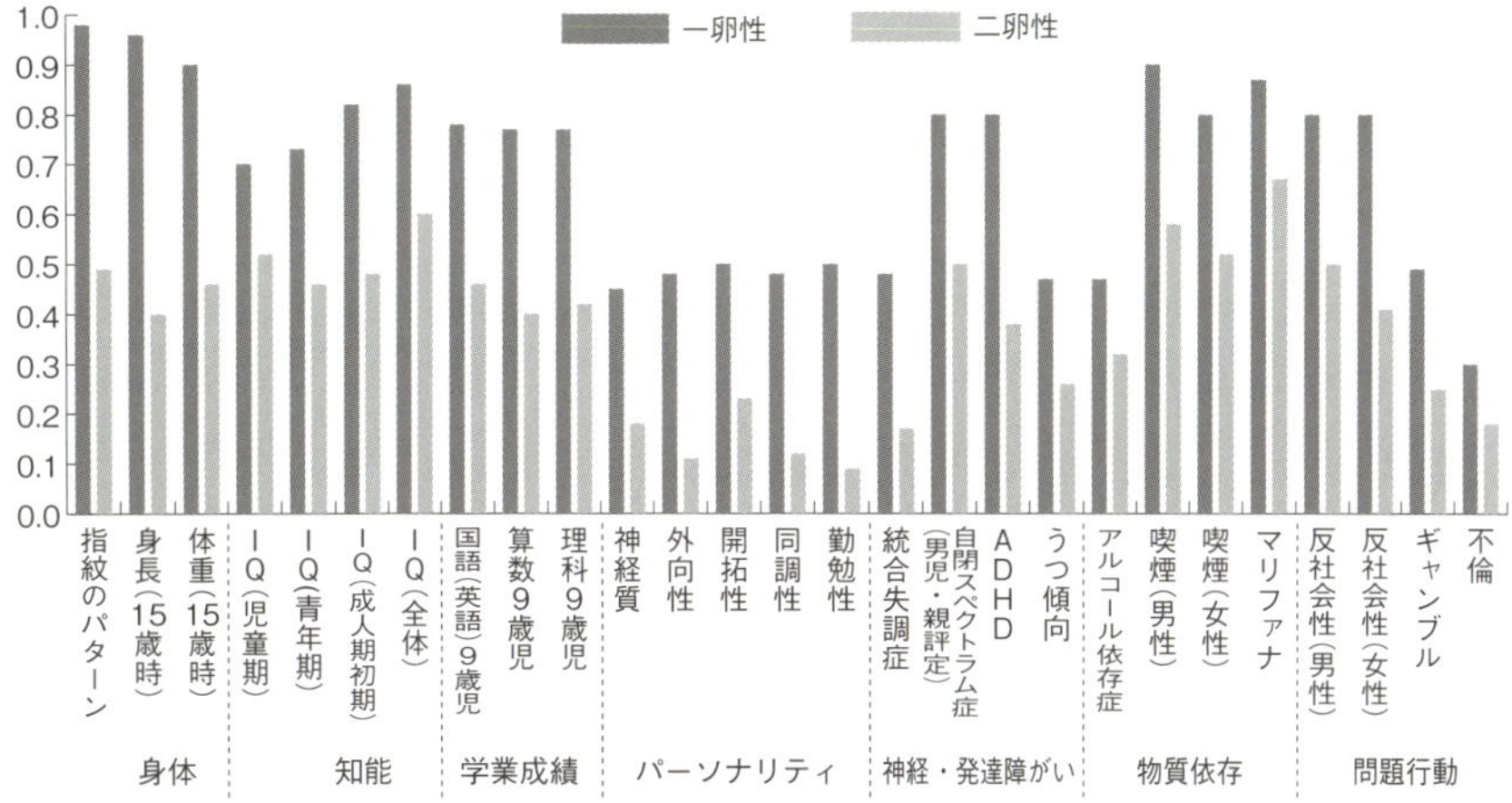

遺伝、環境の寄与率の求め方

双生児の相関をもとに遺伝と環境の割合を推定

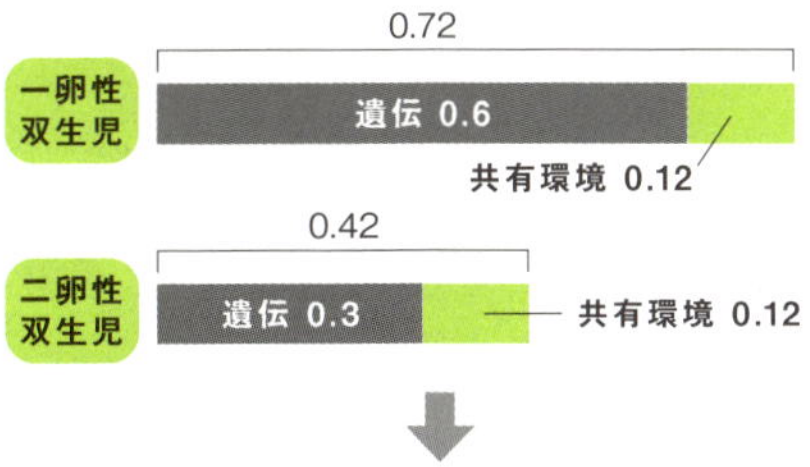

個人差に与える遺伝、共有環境、非共有環境の割合

一卵性の相関係数が0.72、二卵性が0.42の場合

1－0.72＝0.28 → 非共有環境の寄与率

遺伝の寄与率をx、共有環境の寄与率をyとする

0.72＝x＋y

二卵性の寄与率は一卵性の50%

0.42＝0.5x＋y

x＝0.6 → 遺伝の寄与率

y＝0.12 → 共有環境の寄与率

DNAの一致率から一卵性双生児の遺伝寄与率は二卵性双生児の2倍といえます。この条件をもとにして上のような簡単な方程式を解けば、遺伝、共有環境、非共有環境の効果の大きさがわかります。

19 心の動きも遺伝が影響する!?

あらゆる個人の違いに遺伝は影響

左の図はポルダーマンというオランダの研究者が中心となって2015年に発表した、総数で2700件余りのふたごの研究をメタ分析したデータをもとに、**身体的な特徴から病理的、生理学的な特徴、そして心理学的特徴まで含む17000以上の特徴について、一卵性双生児と二卵性双生児の相関、ならびにそこから算出した遺伝・共有環境・非共有環境の影響率をグラフにしたものです。**

これを見てわかるのが、「心の動き」とされる認知能力、精神病理、社会的価値観、活動や心の動きが作り出す社会関係や環境も、他の身体的・病理的・生理学的特徴と同じように遺伝の影響を受けるという圧倒的な普遍性です。詳しくは第3章で説明しますが、「知能」や「性格」に関連するもの、精神疾患とされるもの、あらゆる心のはたらきに遺伝はかかわっているのです。同時に遺伝だけですべてが決まるものもひとつもなく、環境もまた重要だということもわかります。**ただし共有環境の影響は意外なほど小さく、逆に非共有環境の影響が大きいのです。つまり家庭での親の子育てが、子どもがどう育つかにそれほど影響していないことを表しています。**非共有環境のほとんどはランダムで、予測することもコントロールすることも難しいものです。

遺伝の関与しない心の形質はない

総計1455万8903人の双生児を対象に、1958年から2014年までの2748件の研究をメタ分析したポルダーマンの研究データをグラフにしたものです。身体・医学・心理を含むあらゆる形質に、多かれ少なかれ遺伝が関わっていることがわかるでしょう。

●さまざまな特徴の一卵性双生児と二卵性双生児の類似性

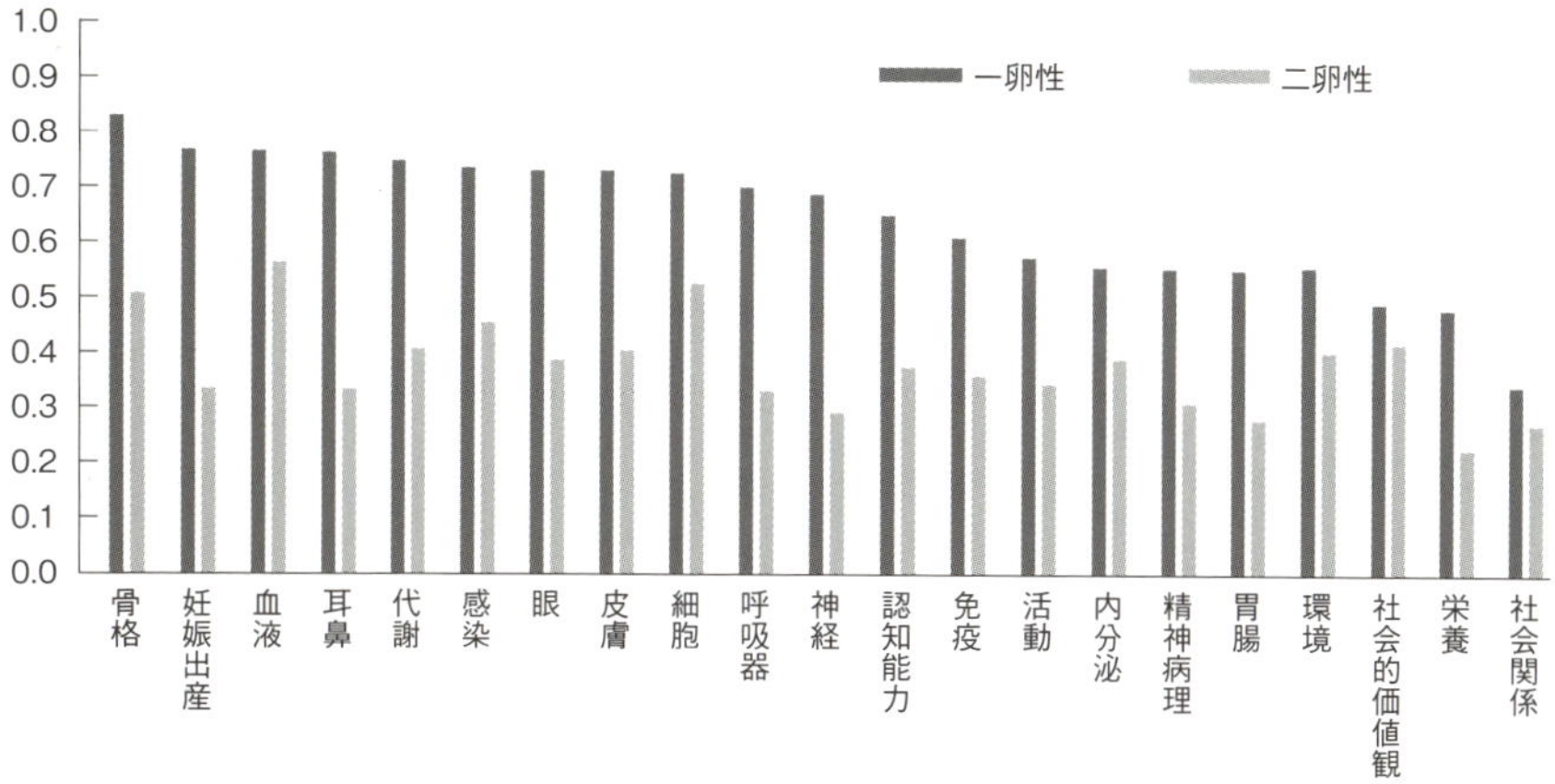

出典：Poldermann et al (. 2015) を改変

●さまざまな特徴における遺伝・共有環境・非共有環境の割合

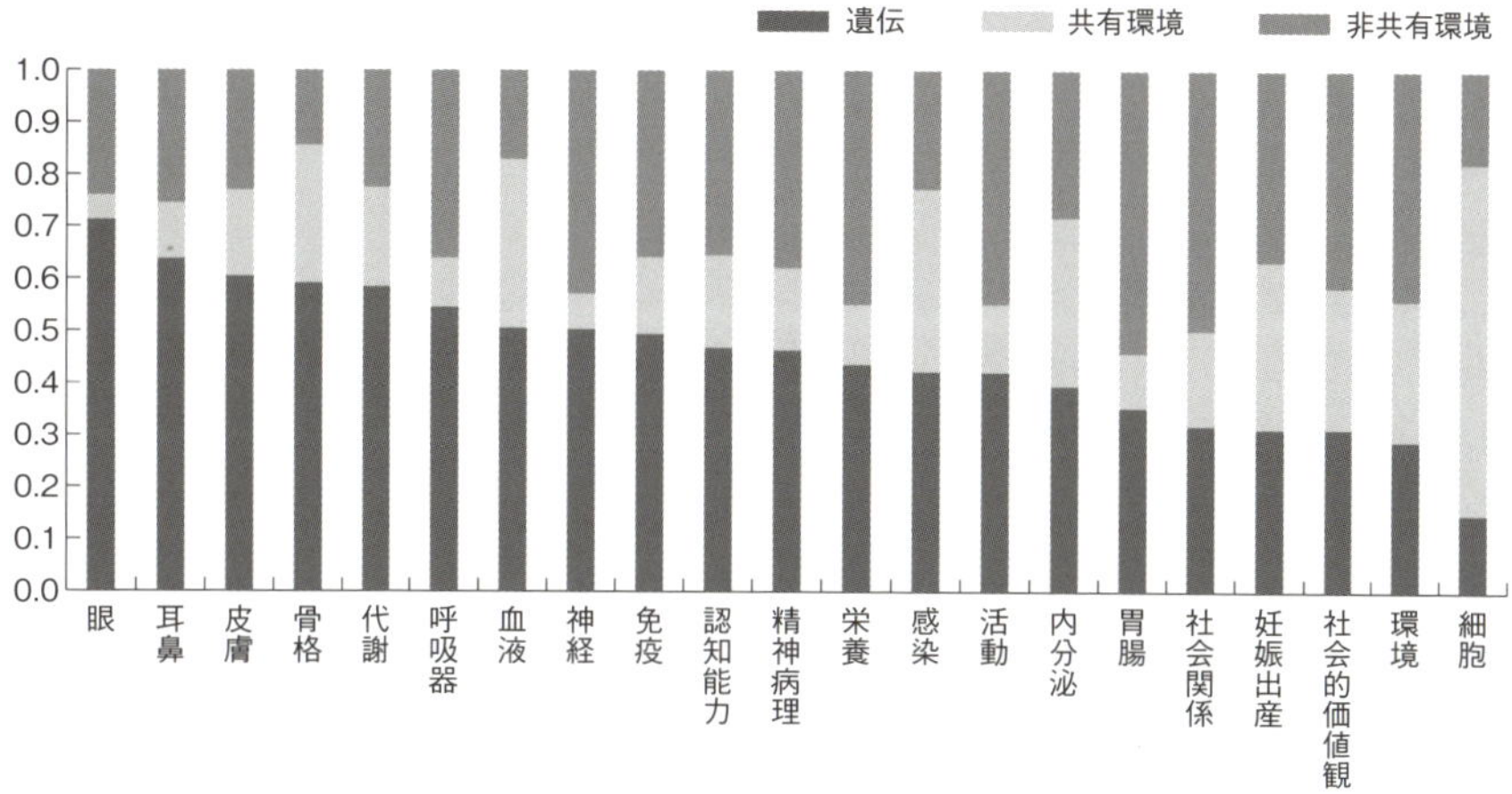

出典：Poldermann et al (. 2015) を改変

20 環境こそが遺伝の要素を浮かび上がらせる

遺伝と環境は「交互」に作用

　ここまで説明してきたように、性格、メンタル、社会性など、ヒトの心や行動に遺伝は強く影響しています。とくに認知能力には強い遺伝の影響が見て取れます（左ページ上の図参照）。**「あらゆる行動には有意で大きな遺伝的影響がある」、これは行動遺伝学の第一原則です。**

　一方で、ヒトの行動には遺伝的要因だけでは説明できない、環境の影響もあることを行動遺伝学は示しています。つまり、私たちの持つ素質には遺伝の影響が関わっていますが、その素質は何らかの環境にさらされて現われてくるということです。その意味では**「環境こそが遺伝の要素を浮かび上がらせる」といえます。**

　ただ、私たちは自分自身の行動によって環境を選び取り、あるいはつくり出しており、当然そこには遺伝的要因が作用しています。仮に、まったく同じ環境を用意したとしても、その環境が個々人にどうはたらくかは予測不能で、むしろ同じようにはたらくことはないと考えるべきでしょう。同じ環境にあっても、そこからどんな興味を持ち、どんな経験を得て、どのようにして知識として積み重ねていくかは人によってさまざまです。つまり、**遺伝の効果は環境によって変わってきますが、遺伝によって環境の効果も変わってくるのです。これを「遺伝と環境の交互作用」といいます。**

環境にさらされて遺伝的素質は明らかになる

45ページの一卵性と二卵性の相関係数を比較したグラフのデータをもとに、遺伝・共有環境・非共有環境の影響の割合を算出して図示したものです。どの形質にも遺伝は無視できないほどの影響を及ぼしていますが、環境の影響の大きさも見逃せません。

●遺伝、共有環境、非共有環境が与える影響

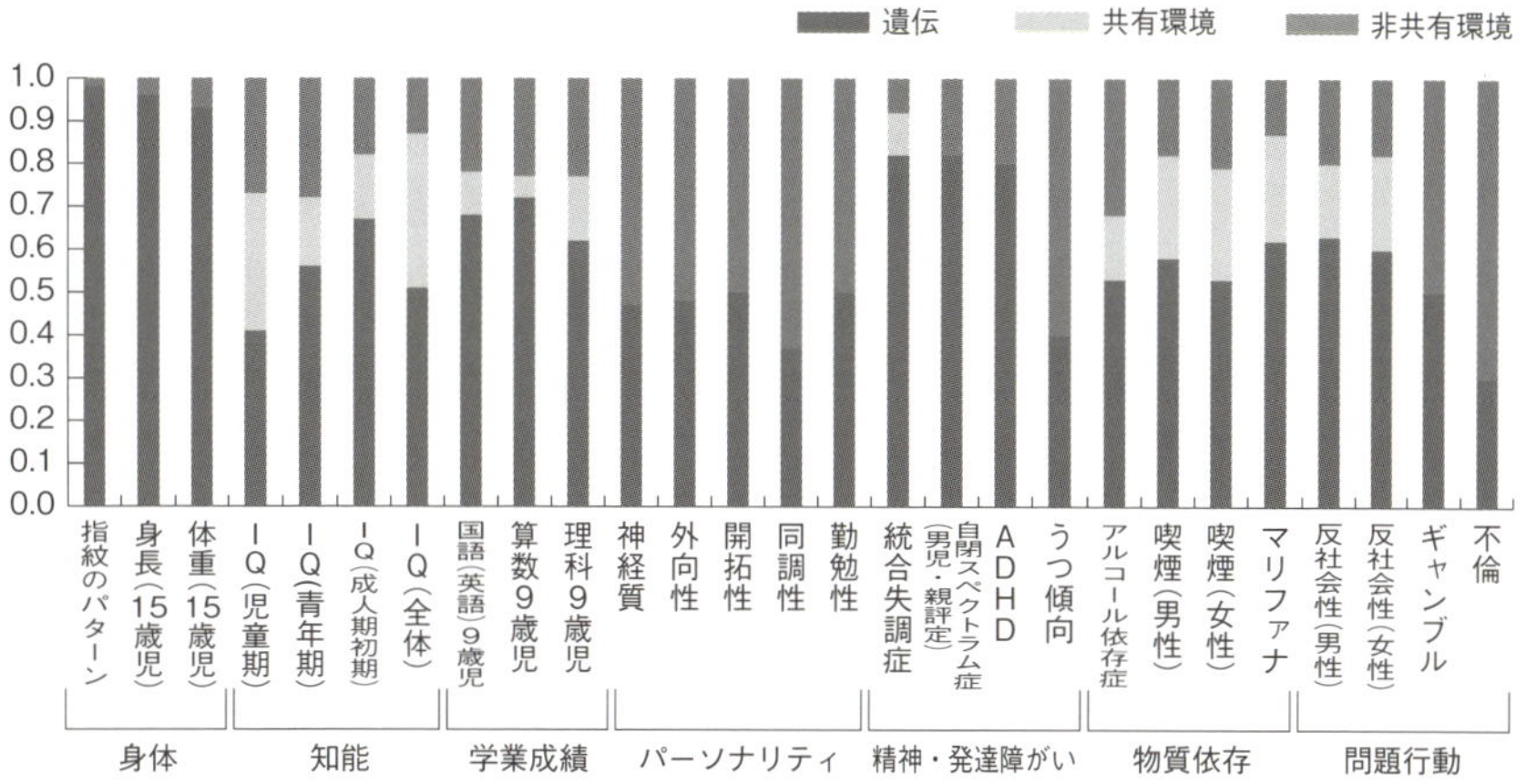

環境もまた遺伝の影響を受けている

同じ環境を用意したとしても、個人によって影響の受け方はさまざまで、そこには必ず遺伝の作用があります。つまり、遺伝の効果が環境によって変わることもあれば、環境の効果が遺伝によって変わってくることもあるのです。

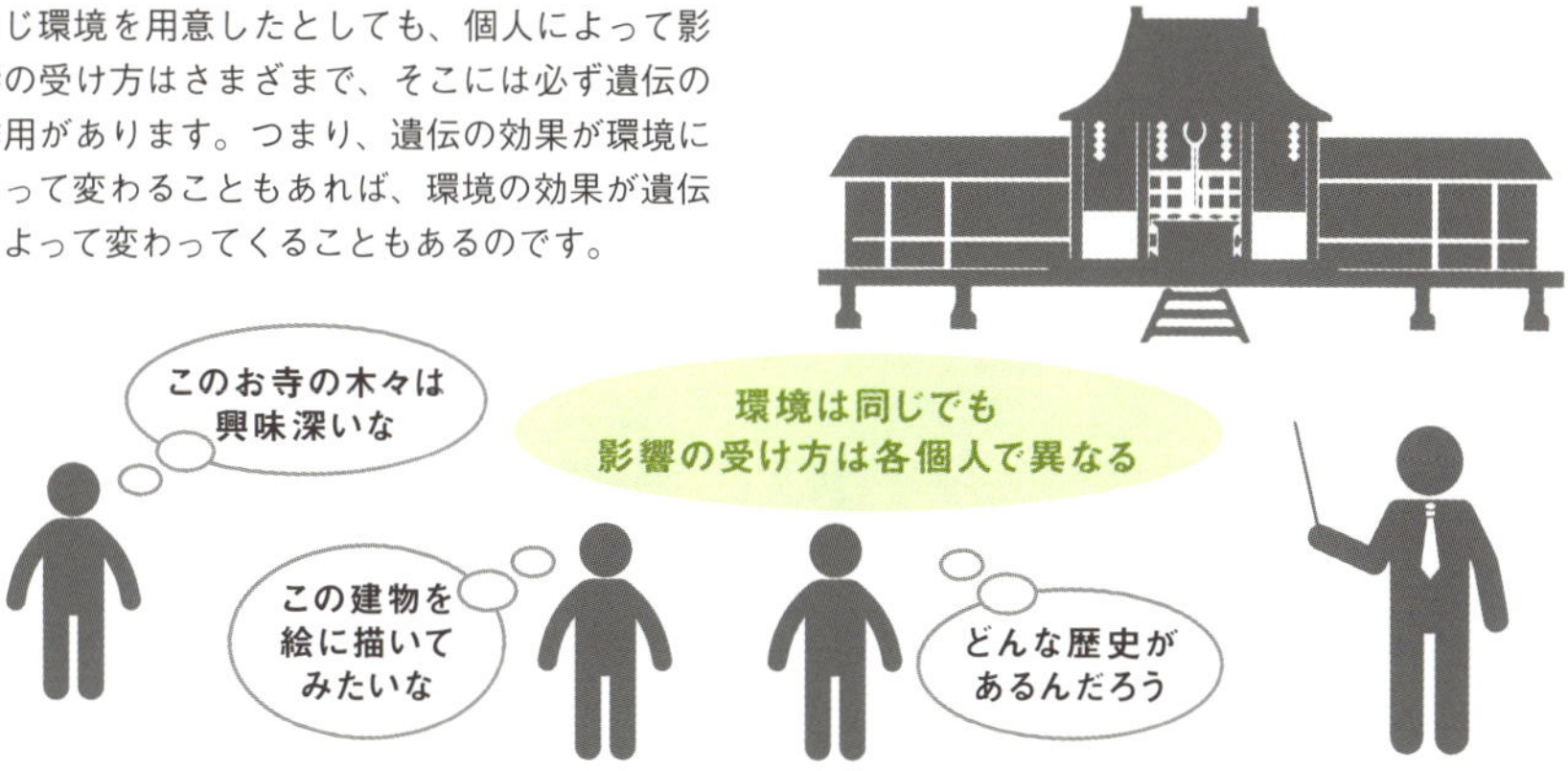

遺伝が環境の要素を浮かび上がらせるともいえる

第1章のおさらいクイズ

Question-1

遺伝子には何をつくるための情報が記録されている?

A 細胞　B 染色体　C タンパク質　D 暗黒物質

Question-2

メンデルの法則は「優性の法則」と「分離の法則」、あとひとつは?

A 独創の法則　B 独立の法則
C 独占の法則　D 独楽の法則

Question-3

行動遺伝学における環境とは共有環境と何環境?

A 専有　B 非共有　C 生活　D 自然

▶正解はP.76をチェック

▼P.98の答え▼

Q1 D(→P.82参照)、Q2 C(→P.80参照)、Q3 D(→P.90,92参照)

第2章

体にまつわる遺伝とその仕組み

01 両親の身長が低いと生まれてくる子どもの背も低い？

遺伝の影響は8割以上という説も

子どもの頃、自分より背の高いクラスメイトを見てうらやましく思ったり、体の大きなスポーツ選手に憧れたりといった経験のある人は多いと思います。自分もいつかそうなりたいと毎日欠かさず牛乳を飲んでいた、なんて人もいるかもしれません。しかし、残念なことにそうした努力や想いだけで身長が伸びたり縮んだりすることはありません。身長がどこまで伸びるかはその**ベースとなる骨格と密接な関係にあり、両親からの遺伝の影響を強く受けるのです。**

双子のきょうだいを比較した研究によると、将来的な身長や体重への遺伝率は80％前後。遺伝の影響は極めて大きく、環境や努力によって容易に変化させられる形質ではないということがわかってきています。しかし、**あくまでも「遺伝の影響を強く受ける」という話であって、栄養価の高い食事や規則的な睡眠、運動習慣なども重要な要素であることに間違いありません。**

両親の身長から子どもの将来的な身長を予測する計算式も存在します。これは日本スポーツ協会（旧日本体育協会）が発表している公式で、詳細は左ページのとおり。ひとつの目安として試してみてはいかがでしょうか。なお、両親の身長差が大きい、祖父母に高身長の人がいるといった場合、予測の振れ幅が大きくなる可能性があるということも覚えておきましょう。

身長は遺伝の影響が大きい要素のひとつ

・身長は両親の遺伝影響が極めて大きく8割以上ともいわれる（諸説あり）
・隔世遺伝で祖父母の影響を受けることもある
・睡眠や栄養状態といった生活環境が成長に影響を与えることも

将来の子どもの身長を予測する計算式もある

以下の計算式に両親の身長を当てはめることで、成長した子どもの身長（目標身長）をある程度予測することができます。ただし、この計算結果はあくまで平均値であり、これより高くなることも低くなることもあります。

男の子の計算式

（両親の身長合計＋13）÷2＋2

女の子の計算式

（両親の身長合計－13）÷2＋2

出典：日本スポーツ協会、いずれも単位はcm（センチメートル）

例 父（175cm）と母（160cm）の場合

男の子 ▶（175＋160＋13）÷2＋2＝ 176cm

女の子 ▶（175＋160－13）÷2＋2＝ 163cm

02 目の色は複数の遺伝子によって決められている

複数の遺伝子が「自分色」をつくる

海外のドラマや映画を見ていると、青色や緑色、淡いグレーなど、普段あまり見慣れない目の色をした俳優さんが多く登場し、その美しさに思わず釘付けになった経験はありませんか？一方で日本人はというと、濃淡の差はあれど黒色や茶色の目ばかりで、それほどに違いはありません。若者を中心にカラーコンタクトが流行しているのも個性の表現なのかもしれません。では、日本人はなぜ同じ目の色の人ばかりなのか？ じつはこれも遺伝が関係しているのです。

人間の目の色は「虹彩」と呼ばれる部分に沈着したメラニン色素の量によって決まっています。メラニン色素が多いと虹彩は黒色や茶色になり、少なくなるに従って緑色、青色とより淡い色になっていくのです。このメラニン色素に影響を与えているのは15番染色体上にある「OCA2」と「HERC2」の両遺伝子と考えられていましたが、最近の研究で実際はより多くの遺伝子が関与しており、両親の目の色を見て、子どもの目の色を単純にパターン化することはできない、ということがわかってきました。

かつては茶色の目が優性、青色は劣性として、生まれてくる子どもは一定の確率で茶・緑・青のどれかになるというのが定説でした。**しかし最近では、両親の遺伝子が互いに影響、一人ひとり異なる目の色になると考えられています。**

虹彩のメラニン色素で目の色が決まる

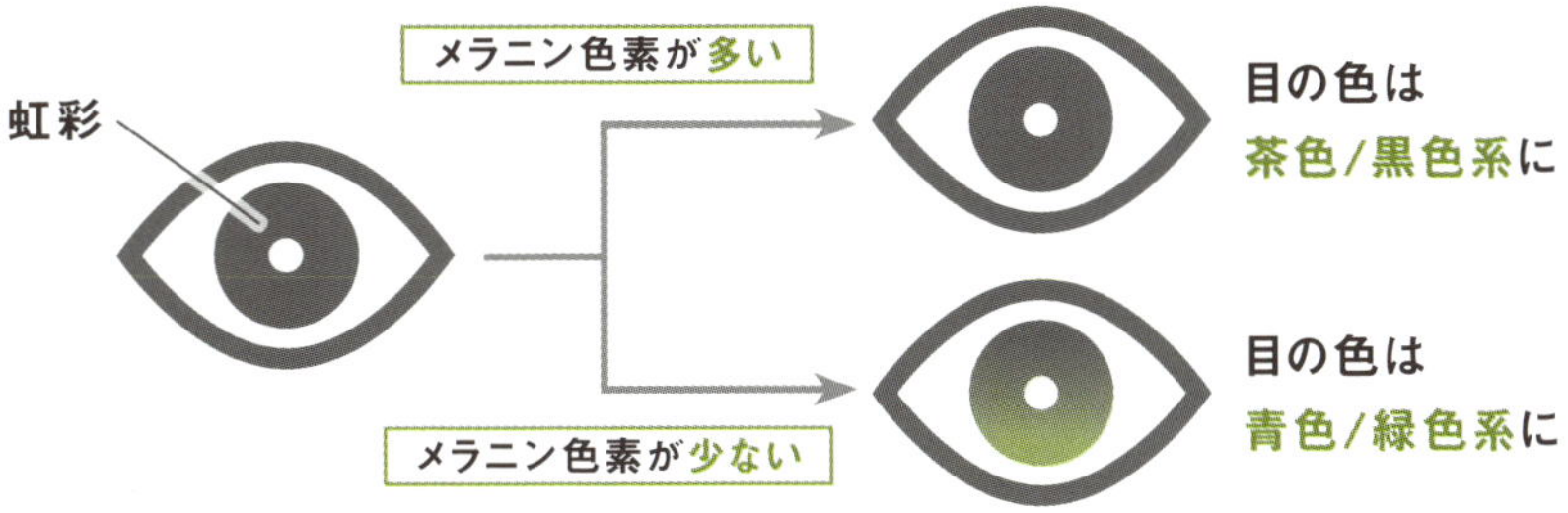

目の色を決める遺伝子はひとつではない

最近の研究で目の色を決める遺伝子は、「HERC2」「OCA2」だけでなく、右図のようにより多くの遺伝子が関与していることがわかってきました。これにより両親がともに青い目をしていても、青色や緑色以外の目を持つ子どもが生まれる可能性があることも判明しています。

●目の色に影響を与えるおもな遺伝子たち

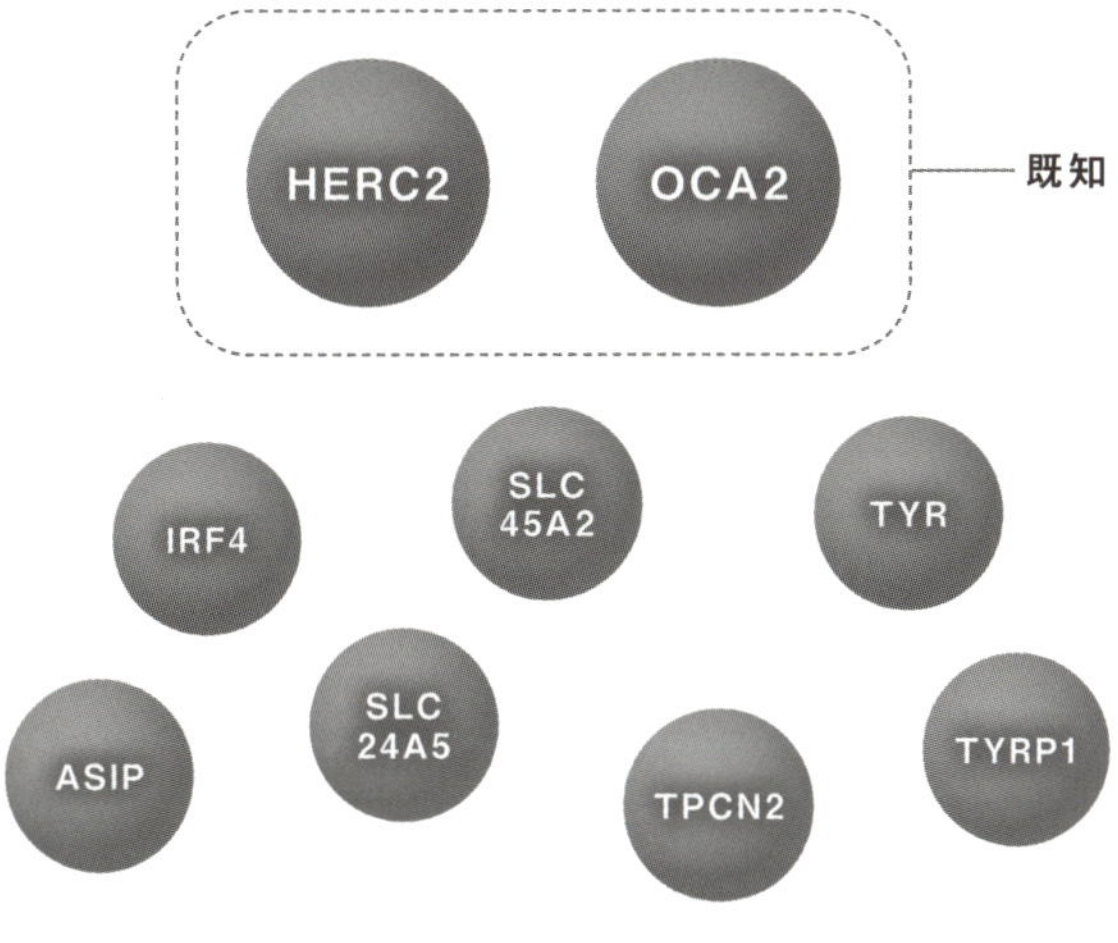

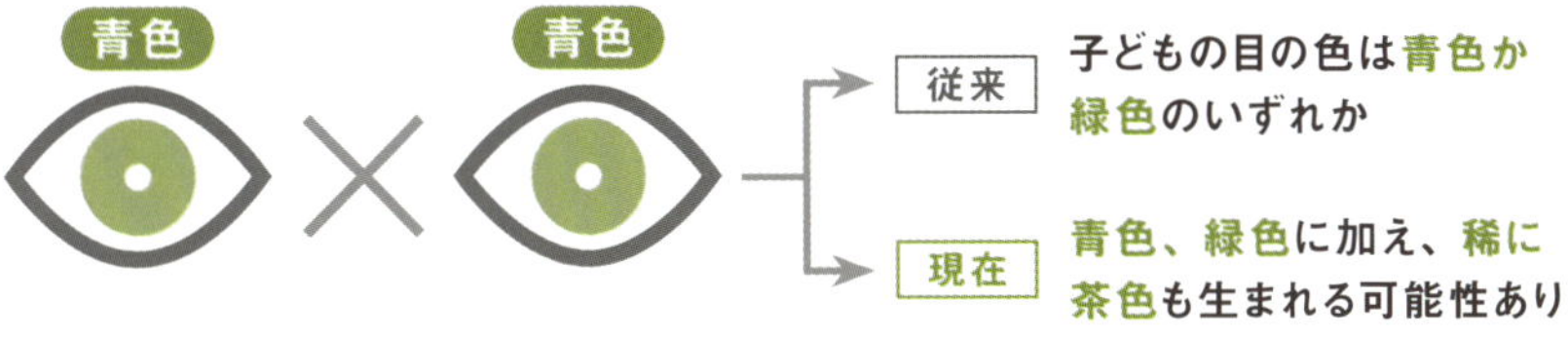

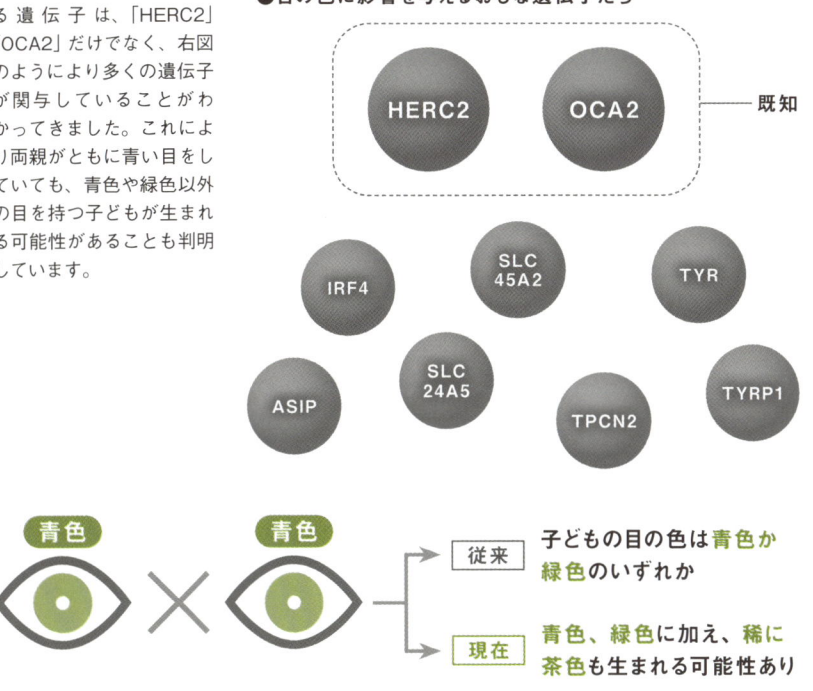

03 一卵性双生児でも指紋は違う？

そっくり同じに見えても微妙に違う

見た目はそっくり。他人が見ても区別がつかないのはもちろん、両親ですら間違えることが多いという一卵性のふたご。顔立ちだけでなく、背格好や性格、嗜好などもよく似ているといわれますが、古くから個人の識別などに用いられてきた「指紋」に違いはあるのでしょうか？

ふたごのきょうだいの違いについて調べた研究では、まったく同じ遺伝子を共有している一卵性双生児の場合、指紋の相関係数は0・98。完全には一致しておらず、遺伝以外の何らかの影響で微妙な違いが生じている、ということがわかっています。一方で二卵性双生児の指紋の相関係数は0・49と一卵性双生児の半分で、遺伝子の共有率に比例しています。それほど**指紋は遺伝による影響を受けやすい形質というわけです。**

この指紋の相関係数0・98というわずかな差は、最近のセキュリティで多く用いられている指紋認証で見分けることができるのでしょうか。調べてみたところ、現在の指紋認証システムは指紋の中でも特徴的なポイントとなる「中心点」「分岐点」「端点」「三角州」などを20～40カ所抽出し、事前に登録されている指紋データと比較をするそうで、その識別能力は99・9％を超えるほどの正確さ。たとえ一卵性双生児でも最新の指紋認証システムにかかれば、確実に別人と見抜くことが可能だそうです。

ふたごといっても指紋は固有のもの

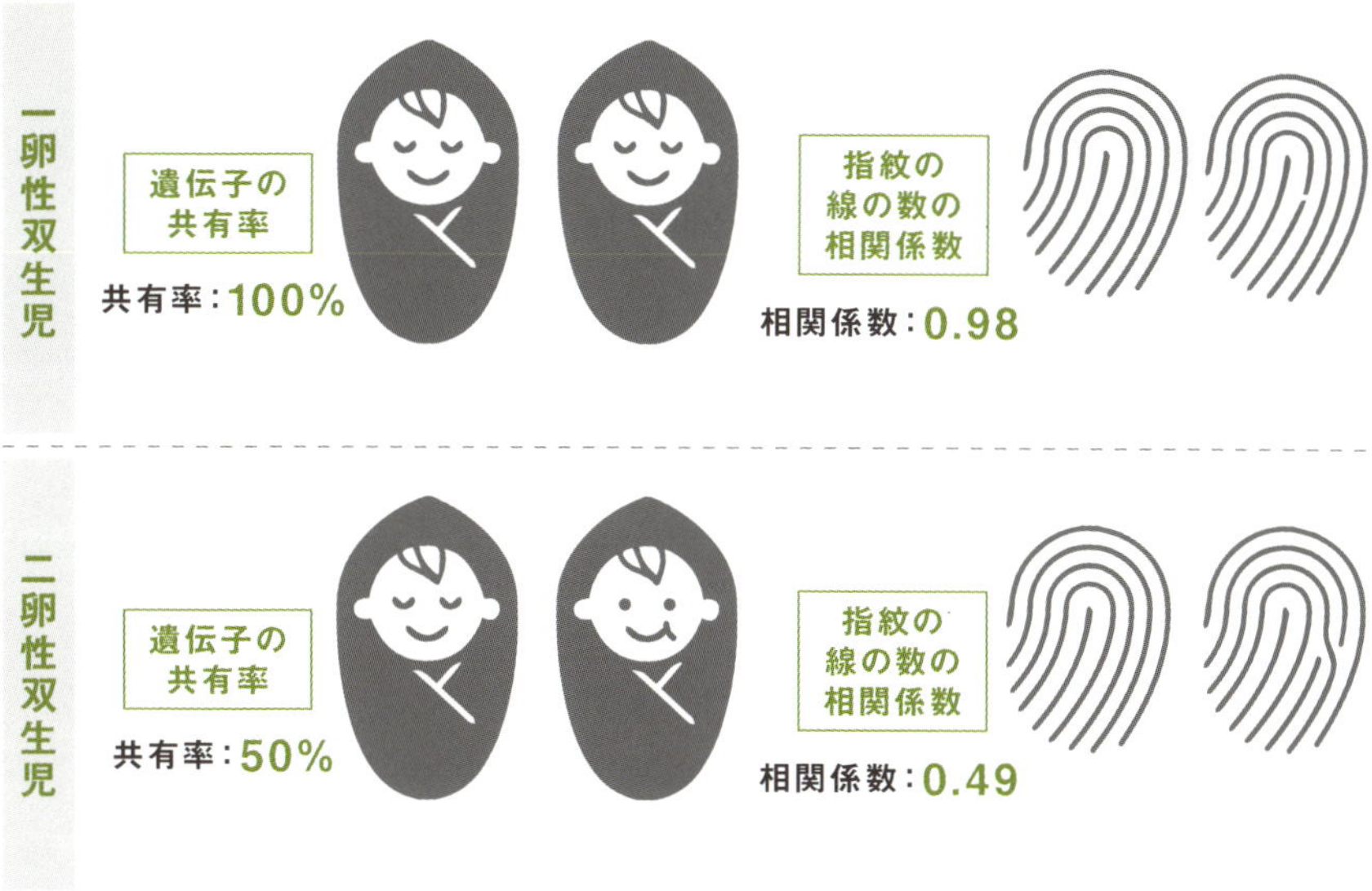

一卵性双生児はひとつの受精卵から分かれて生まれているため、遺伝子の共有率は100%。指紋の相関係数も0.98と二卵性双生児と比べると非常に高いです。それでも完全に同じ指紋ではなく、遺伝以外の影響も受けていることがわかります。

指紋認証がセキュリティに使われる理由

指紋認証による照合は、読み取った指紋の中から特徴的なポイントを40カ所ほど抽出。事前に登録した指紋データと比較して本人かどうかを判定しています。その識別能力は99.9%以上と極めて高く、信頼できるセキュリティとして広く活用されています。

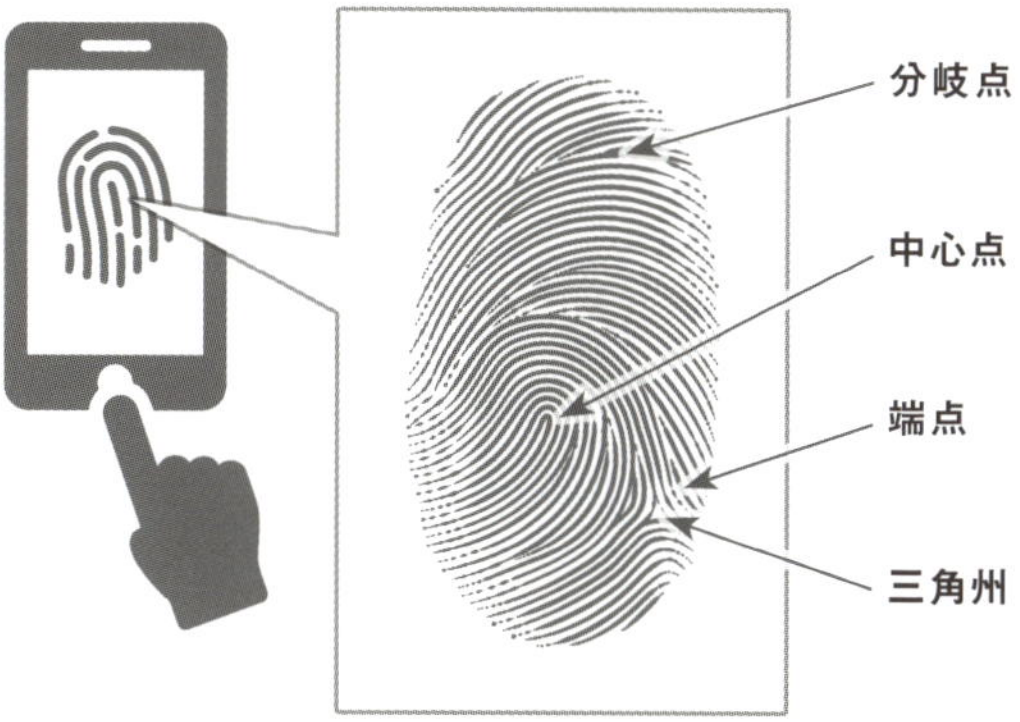

04 運動能力と遺伝は関係ある？

やる気と環境がさらなる成長を促す

昔から親子やきょうだいで活躍するアスリート、プロスポーツ選手が少なからず存在します。高校野球や相撲、競馬の騎手、最近では柔道や卓球でもきょうだいが注目を集めました。そうした人々のパフォーマンスに感動を覚える一方で、「やはりスポーツの世界にも遺伝はあるのか」と溜息がこぼれる人も多いかもしれません。実際のところはどうなのでしょうか？

左ページのグラフは、さまざまな運動における遺伝と共有環境、非共有環境の影響を調査したもの。種目によって結果はだいぶ異なりますが、これを見る限り**一概に「運動能力は遺伝の影響が大きい」とはいえなそうです。**学校の体力測定などで行われるシャトルランでは共有環境の影響が大きい一方、握力測定では遺伝の影響が無視できない数値となっています。また、全般を通じて年齢が上がるにつれて共有環境の影響が大きくなる傾向も見られます。おそらく**これは低学年のうちは全員が同じ環境で取り組むことができるため環境面での影響は少なく、高学年になるほど普段の運動環境や本人の積極性などに差が出てくるからと推測することができそうです。**運動能力と遺伝はまったくの無関係とはいい切れませんが、こと学生スポーツにおいては遺伝など気にせず、本人のやる気と楽しむ心を大事にしたいものです。

種目や年齢によって能力への影響は変化する

遺伝と環境が及ぼす運動能力への影響を調べたところ、運動の種類や内容によって影響度合いに差があることがわかりました。一方で、学年が上がるに従い共有環境の影響が徐々に大きくなっていく傾向も見られます。

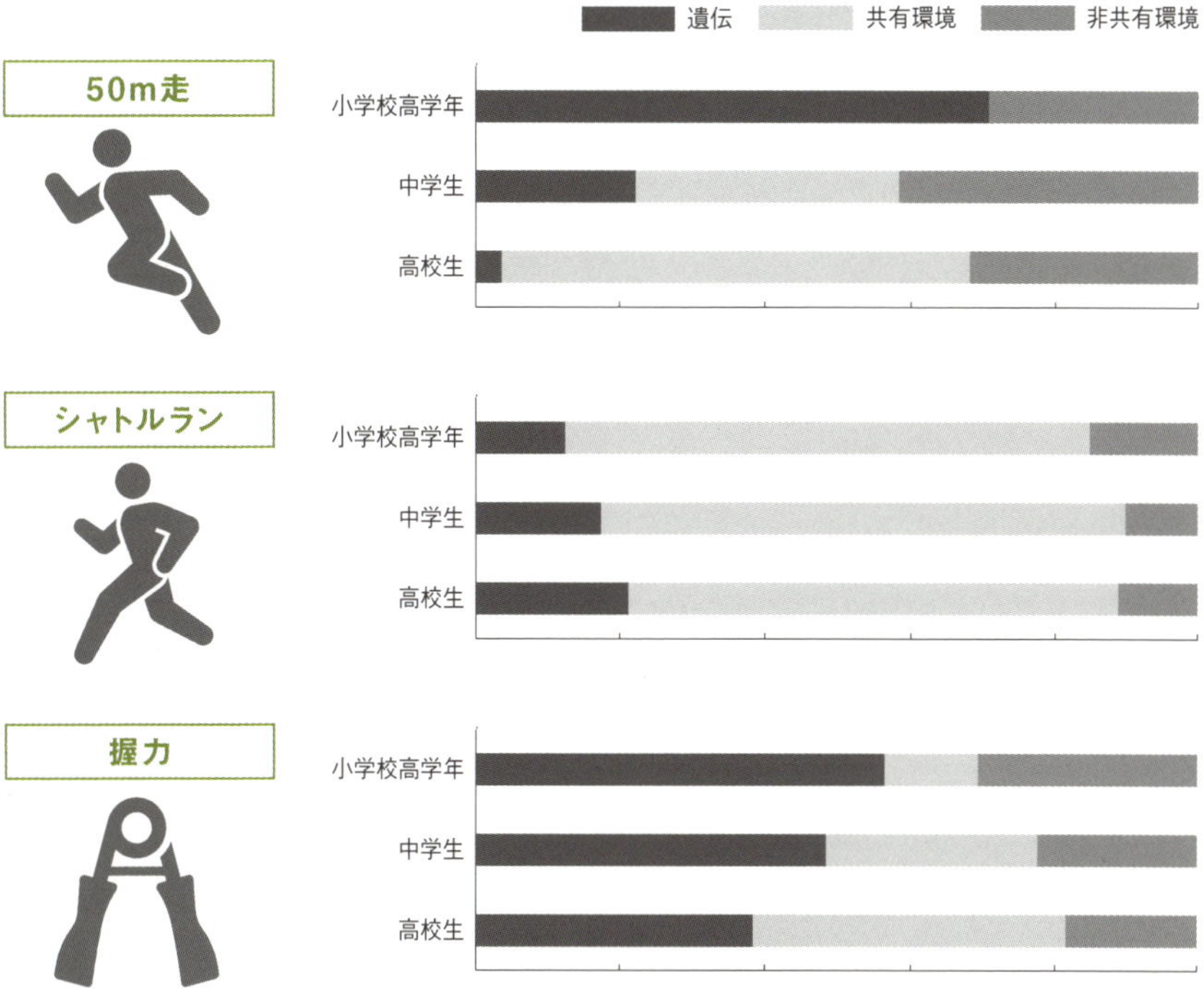

出典：奥田援史ほか「体力・運動能力の個人差に対する遺伝と環境の影響」より

成長とともに環境の影響が大きくなる理由は？

成長とともに共有環境の影響が大きくなるのは、積極的に運動に取り組む環境の有無や、子ども自身のやる気も少なからず影響しているものと思われます。

05 マラソン選手の親から短距離走者の子どもは生まれない？

遺伝的な向き不向きはあるかも

前項では「運動能力は遺伝の影響が大きいとは一概にはいえない」という話をしました。しかし近年、世界のトップを目指すスーパーアスリートたちの間でにわかに注目を集めている遺伝子があるのです。それが俗に「アスリート遺伝子」と呼ばれる「ACTN3遺伝子」です。

筋肉の線維を連結させるタンパク質の一種「αアクチニン3」の設計図とされ、正常に機能するR型とそうでないX型の組み合わせによって「筋肉の質」、言い換えれば「瞬発力向き」か「持久力向き」かがわかるといわれています。

2000年代、オーストラリアのトップアスリートを対象に行われたACTN3遺伝子の調査では、短距離走などの瞬発力を要する競技の選手にはαアクチニン3をたくさんつくり出すことのできる「RR型」が多く見られました。反対にマラソンなど持久力を求められる競技のアスリートには「XX型」が多かったそうです。**あくまで「多かった」という話であり、持久力系の競技者にも「RR型」は一定数見られる（左ページのグラフ参照）ことから、現時点では競技への適性を見る指標のひとつくらいに考えるほうがいいのかもしれません。**つまるところマラソンランナーの親から短距離走のメダリストが生まれてくる可能性は決してゼロではなく、その逆もまた然り、というわけです。

「アスリート遺伝子」と呼ばれる“ACTN3遺伝子”

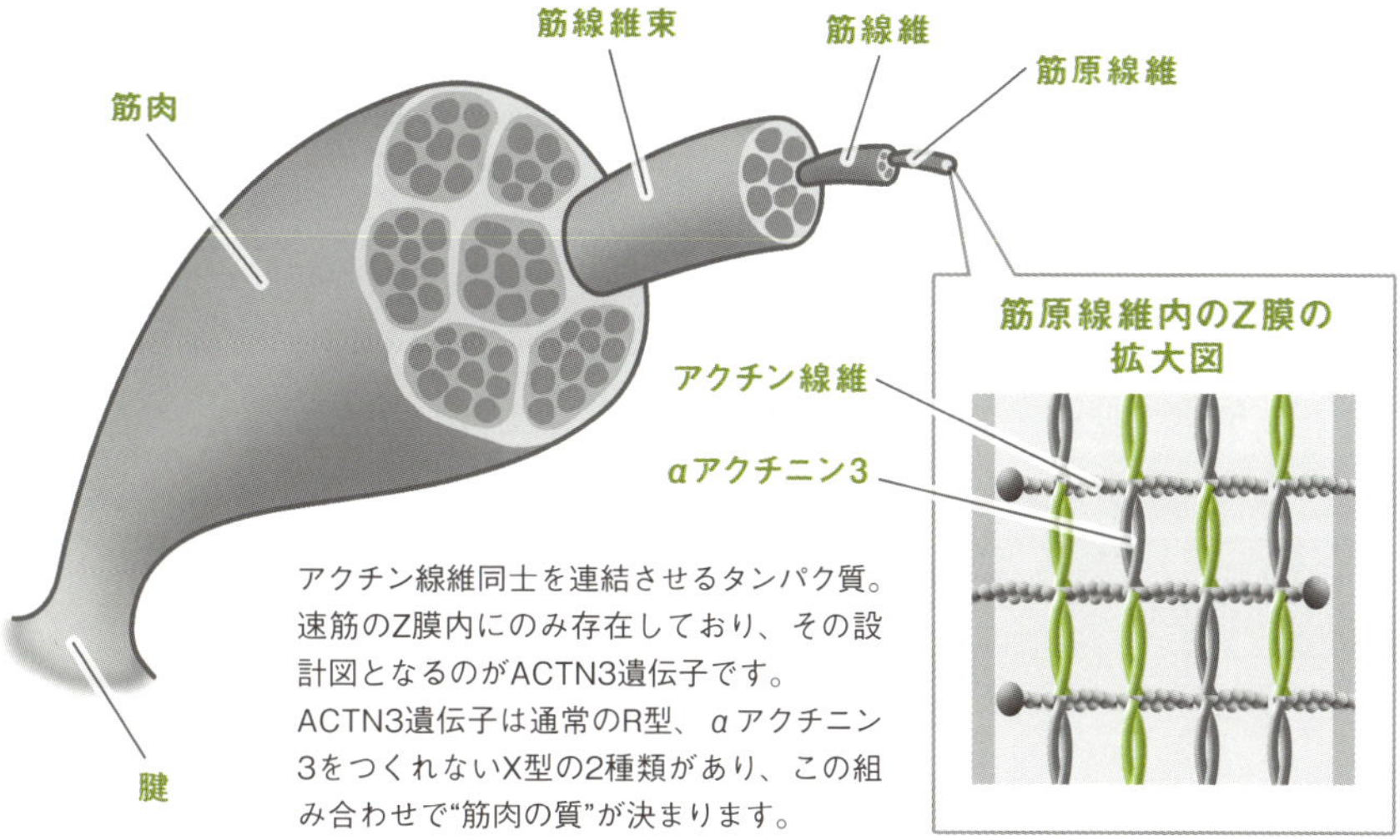

アクチン線維同士を連結させるタンパク質。速筋のZ膜内にのみ存在しており、その設計図となるのがACTN3遺伝子です。ACTN3遺伝子は通常のR型、αアクチニン3をつくれないX型の2種類があり、この組み合わせで“筋肉の質”が決まります。

●ACTN3遺伝子のタイプによる傾向

	RR型・RX型	XX型
αアクチニン3の量	多い	少ない
筋肉のタイプ	速筋型（筋肉が太くなりやすい）	遅筋型（筋肉が太くなりにくい）
運動能力	瞬発力に長け、スピードやパワーに優れる	持久力に優れる

アスリートと一般人のACTN3遺伝子を比べてみると……

グラフにすると一目瞭然。一般人と一流のアスリートではACTN3遺伝子のR型、X型の割合が大きく異なっていることがわかります。

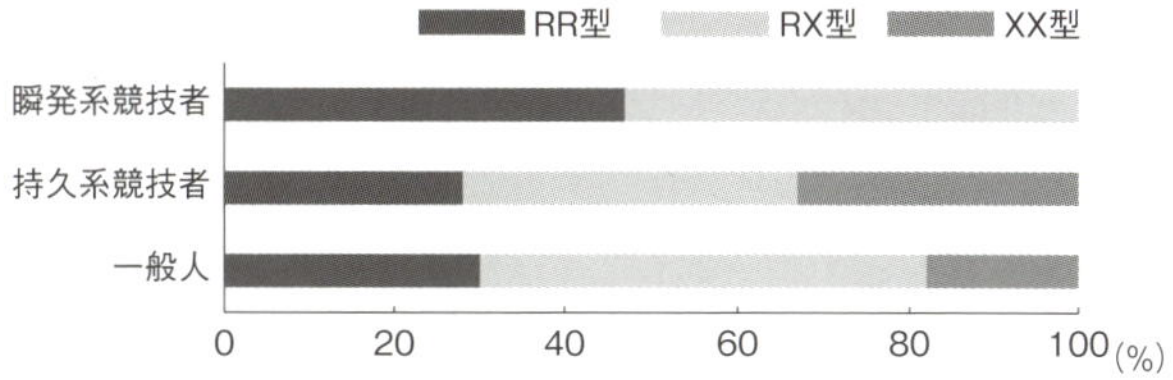

06 遺伝的に病気になりやすい人、なりにくい人

「がんの家系」は実際にある!?

家族や近い親戚の誰かが大きな病気にかかるとよく話題に上るのが「うちは○○の家系だから」という話。この「○○」にはがんや脳卒中、糖尿病といった日本人にはなじみのある病名が入ることが多いのですが、**実際に「家系」という大きなグループで特定の病気になりやすいというのは、遺伝的にはよくある話なのです。**

左ページの上図は、遺伝的な要因の有無による病気発症のリスクをイメージ化したもの。左側と真ん中のふたりの違いは遺伝的要因の有無だけですが、それがふたりの病気発症までの道のりを大きく分けていることがわかります。一方、右側の人は遺伝的要因がありながら、発症リスクを高めてしまう環境的要因も抱えているため、病気の発症は秒読みの段階です。つまり、**病気の遺伝的要因は発症のリスクに影響はしますが、それ自体が直接の原因にはならないということ。たとえば心筋梗塞の遺伝的要因を持つ家系であっても、日々の食事や生活習慣によっては生涯発症しない人もいるのです。**

また、病気や障がいによって遺伝しやすさも違います。日本人に多い胃がんや大腸がんは遺伝よりも環境的要因が高め。反対に心筋梗塞は6割前後、緑内障は9割が遺伝的要因と決して見逃せない数字です。これこそ「家系」の病気といって差し支えないでしょう。

遺伝的要因で病気のスタート地点はまったく違う

病気や障がいによって遺伝の影響は異なる

以下はさまざまな病気の遺伝的要因と環境的要因の割合をわかりやすくグラフ化したものです。多くの人にとって他人事ではない糖尿病やがん、心筋梗塞なども少なからず遺伝によるリスクがあることがわかります。

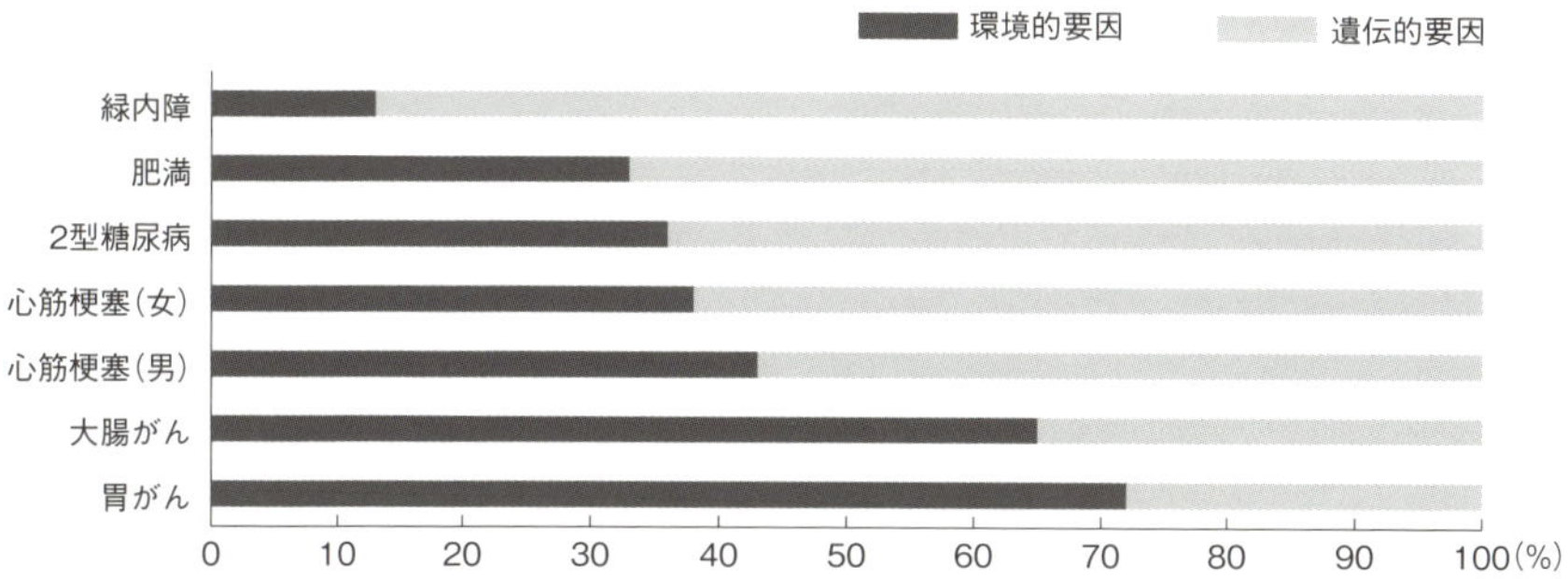

07 将来ハゲるかどうかは母方の祖先を見ればわかる!?

母親のX染色体が薄毛を遺伝する

「まだ30代なのに最近ちょっと髪が薄くなってきた」「父親がハゲているから自分にも遺伝するのでは?」。若い世代でこうした頭髪の不安を抱えている男性は意外に多いと聞きます。実際、30〜40代でAGA（男性型脱毛症）の相談で医療機関を訪れる人は年々増えているそうです。しかし本当に父親のハゲや薄毛が息子に遺伝する可能性はあるのでしょうか?

じつは**薄毛に関連する遺伝子には「母親のX染色体を通じて息子へ遺伝する」という法則性があります。**左ページの図のとおり父親、あるいは父方の祖父が薄毛であっても息子に受け継がれるのはY遺伝子であるため、基本的には薄毛が遺伝することはありません。一方、母方の近親者に薄毛の人がいる場合、母親から息子へ受け継がれるX染色体によって薄毛が遺伝する可能性があるのです。具体的には母方の祖父が薄毛の場合は75%、母方の祖父、曽祖父がともに薄毛だと90%と非常に高くなっています。

では、父親の薄毛は息子に無関係かというと、これも一概にそうとはいえません。**さまざまな要素のひとつとして薄毛が受け継がれている可能性はあると考えるべきでしょう。**あまり気にしすぎるのもよくないですが、どうしても心配という方は一度専門医を訪ねて相談してみるのもいいかもしれません。

母方に薄毛の人がいる家系は要注意！

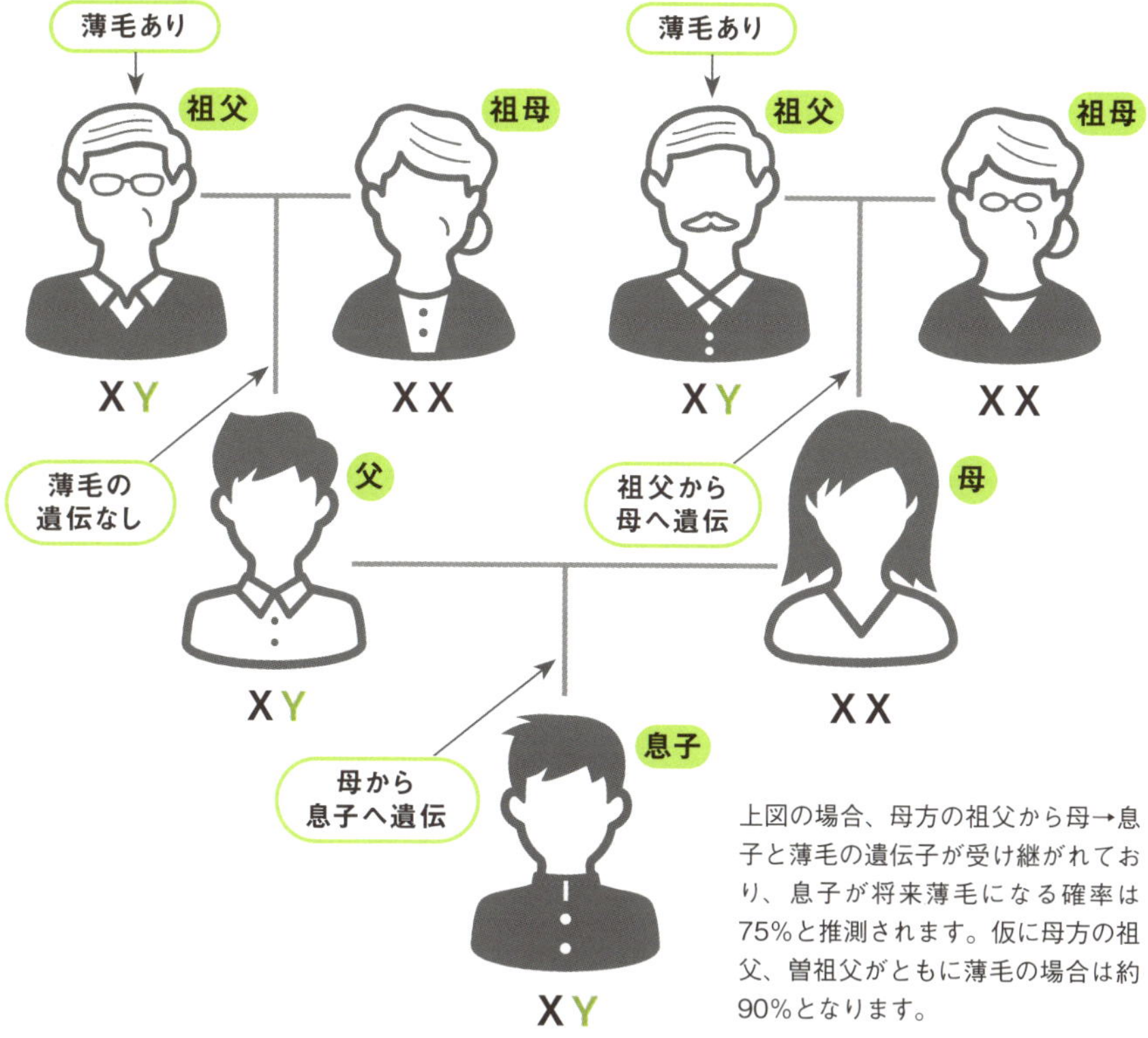

上図の場合、母方の祖父から母→息子と薄毛の遺伝子が受け継がれており、息子が将来薄毛になる確率は75%と推測されます。仮に母方の祖父、曽祖父がともに薄毛の場合は約90%となります。

父親の薄毛が遺伝することもある

母方の親族に薄毛の人がいないからといって安心するのは早計。父親が薄毛の場合、それが遺伝することもあるからです。必ずハゲるというわけではありませんが、そうなる可能性もあるということは覚えておきましょう。

08 お酒を飲むと顔が真っ赤になるのは遺伝のせい？

遺伝的にお酒が向かない人もいる

お酒を飲むとすぐに顔が赤くなったり、動悸がして気分が悪くなったりする人はいませんか？　酒豪の人に言わせると「酒慣れしてないだけ」とか「飲めば強くなる」なんて乱暴な意見も聞こえてきますが、実際はそんなに単純な話ではありません。いわゆる「お酒の強さ」も遺伝子による影響を受けているのです。

摂取したお酒（アルコール）が体内でどのように処理されていくかは左ページの図で示したとおり。**肝臓に運ばれたアルコールは一旦、猛毒であるアセトアルデヒドに分解され、さらにそれを酢酸→水へと分解することで無毒化していきます。**しかし、アセトアルデヒドを分解するアセトアルデヒド脱水素酵素の働きが弱いと分解処理が追いつかなくなり、血中に流れ出たアルコールが全身を巡ることで「酒に酔った」状態となるのです。**分解能力が低い人ほど酒に酔うのも早く、そのまま飲み続ければ気分が悪くなるのは当たり前というわけです。**

アセトアルデヒド脱水素酵素は**「ＡＬＤＨ２遺伝子」のタイプによって分解能力が決まります。**分解能力の高い「Ｎ型」と低い「Ｄ型」の2種類があり、両親からどちらの遺伝子タイプを受け継ぐかによって、酒豪の「ＮＮ型」、ある程度は飲める「ＮＤ型」、お酒に弱い「ＤＤ型」のいずれかに分類されるのです。

お酒の強さに影響するALDH2遺伝子

摂取したアルコールを吸収、分解する過程で生じるアセトアルデヒドの処理能力が低いと、顔が赤くなったり、頭痛や吐き気がしたりといった不快な症状が現われます。アセトアルデヒドを分解する「アセトアルデヒド脱水素酵素」のひとつ「ALDH2」には、分解能力の高いN型と低いD型があり、両親からどちらのタイプを受け継ぐかによって、いわゆる「お酒の強さ」に差が出るのです。

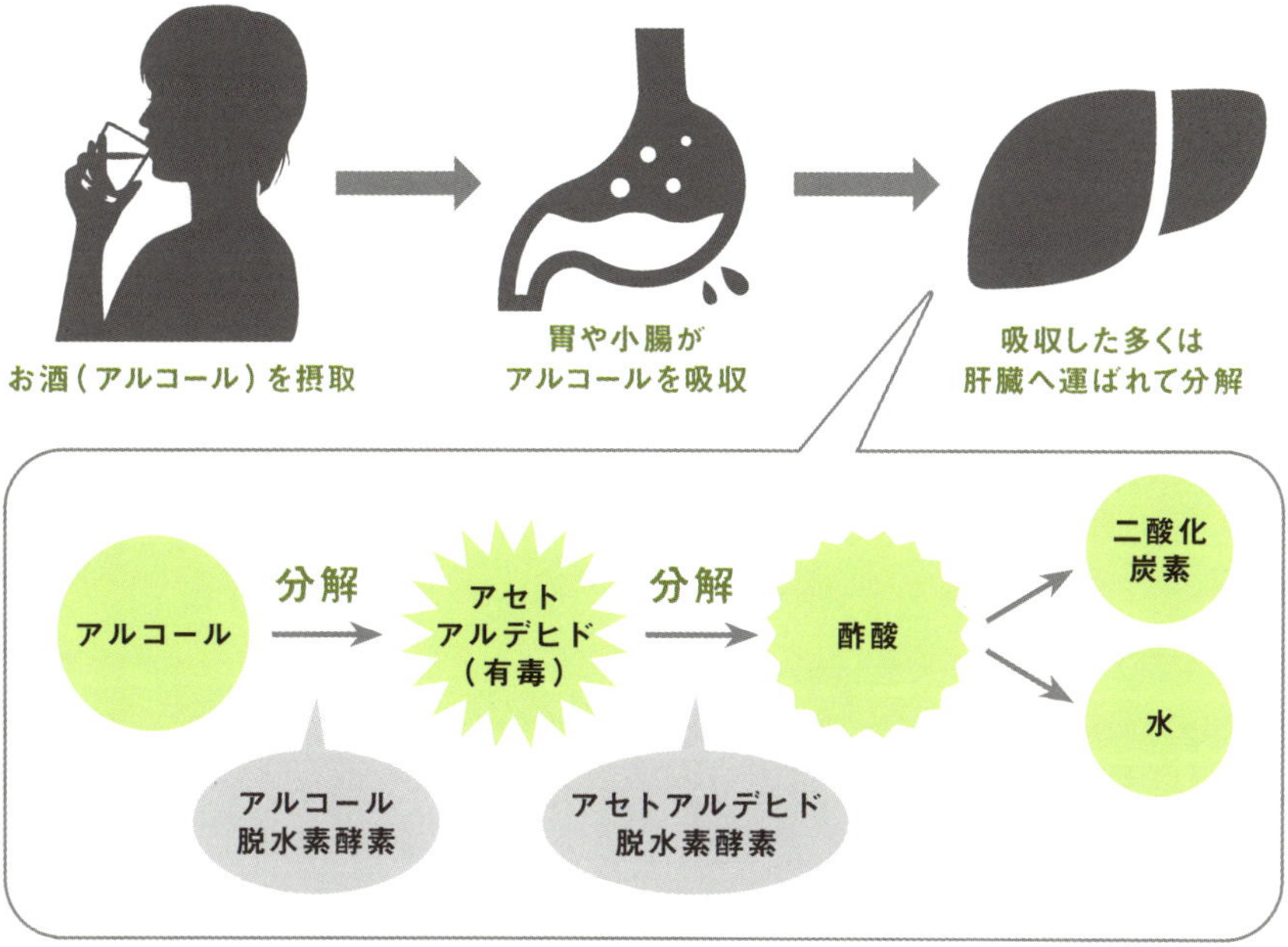

●ALDH2遺伝子の組み合わせによるアセトアルデヒド分解能力の違い

遺伝子のタイプ	日本人の割合	解説
活性型（NN型）	約56%	お酒に強い酒豪タイプ。アセトアルデヒドの分解能力が高く、顔の紅潮や頭痛などのフラッシング反応もほぼ起こりません
低活性型（ND型）	約40%	分解能力が高いN型と低いD型の遺伝子を引き継ぐタイプ。ある程度お酒は飲めますが基本的に強くはありません
失活型（DD型）	約4%	お酒が弱い下戸タイプ。飲むと顔面紅潮や頭痛、吐き気、動悸などフラッシング反応も激しい。無理して飲むのは危険です

09 耳垢のカサカサ、ネバネバも遺伝の影響？

耳垢さえも遺伝子で決まっている

突然ですが、アナタの耳垢は乾燥していますか？ それとも湿ってネバネバしていますか？ 左ページの世界地図にあるとおり、人種や住んでいる地域によって耳垢のカサカサ（乾性）、ネバネバ（湿性）の構成比には明確な違いがあります。ヨーロッパ、アフリカ地域は湿性の人が圧倒的で、日本を含むアジア諸国は乾性が7～9割と多数を占めている状況です。これだけ見ると人種や地域的な傾向として受け止められてしまいがちですが、じつは**耳垢の質は遺伝によって決まるものであり、世界的な出現率の差も遺伝による積み重ねの結果なのです。**

耳垢の質がメンデルの法則によって決まることは古くから研究者の間では知られていましたが、関与している遺伝子を特定できたのは最近のこと。2006年に長崎大学の研究グループが**16番染色体上にある「ABCC11遺伝子」が耳垢の質に関係していることを突き止めた**のです。両親から「ABCC11遺伝子」の「アデニン（A型）」を受け継いだ場合は「AA型」となり、耳垢は乾性。両親のいずれか、あるいは両方から「グアニン（G型）」を受け継ぐと「GA型」「GG型」の湿性になる仕組みです。日本では耳垢が湿性の人はワキガになる可能性が高いともいわれており、近い将来、両者の関係性が解明される日も来るかもしれません。

日本人は耳垢カサカサが多数派！

耳垢のタイプには地域的、人種的な傾向が見られ、ヨーロッパやアフリカ諸国はほとんどの人が湿性（＝ネバネバ）です。一方、日本を含む北東アジアの国々では乾性（＝カサカサ）が人口の半数以上を占めています。

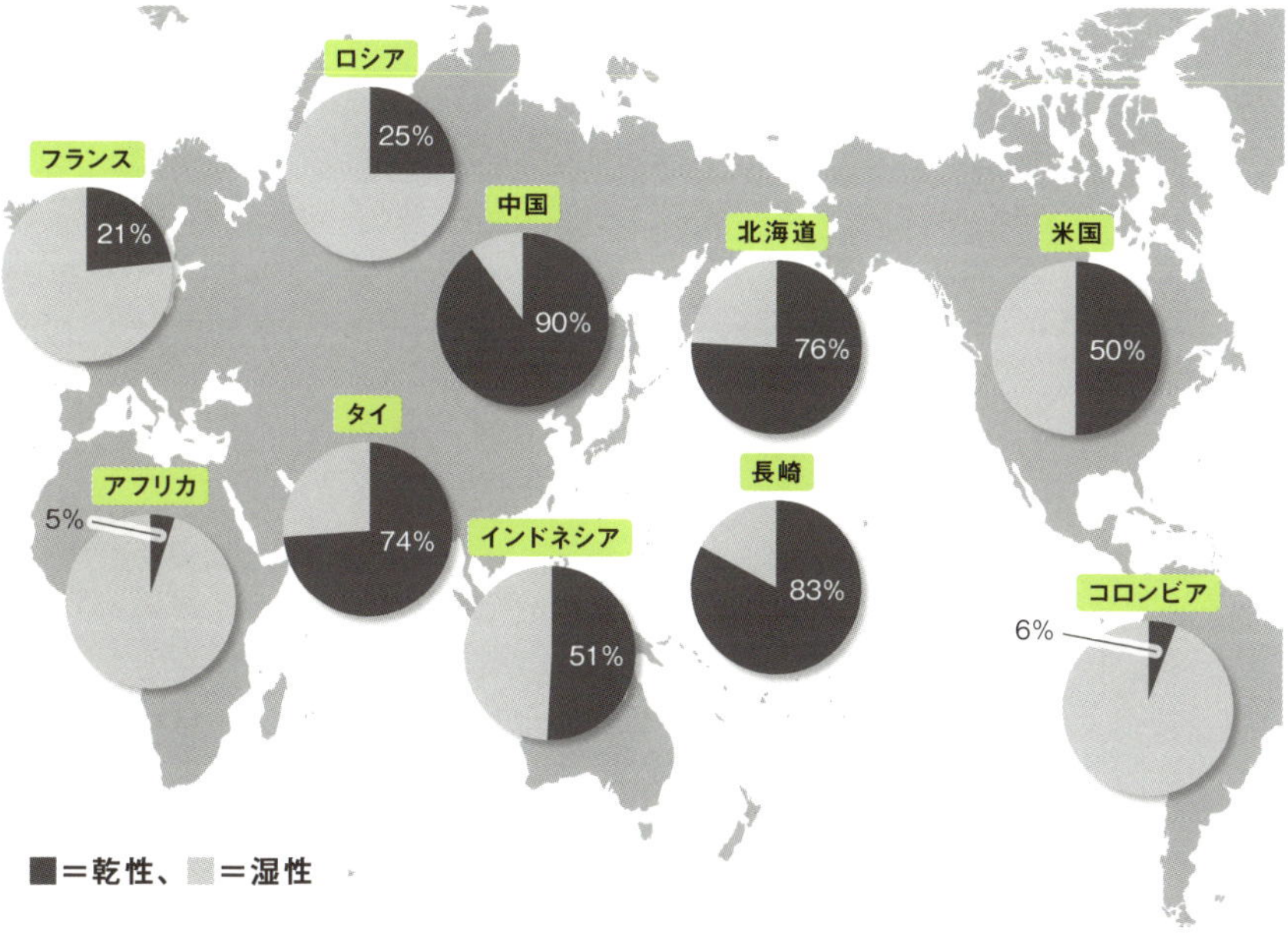

ABCC11遺伝子が耳垢のタイプを決める

耳垢のタイプを決めているのは、ABCC11遺伝子に含まれるグアニン（G）、アデニン（A）という一塩基多型です。この組み合わせがAA型だと耳垢は乾性、GA型、GG型の人は湿性になるという仕組みです。

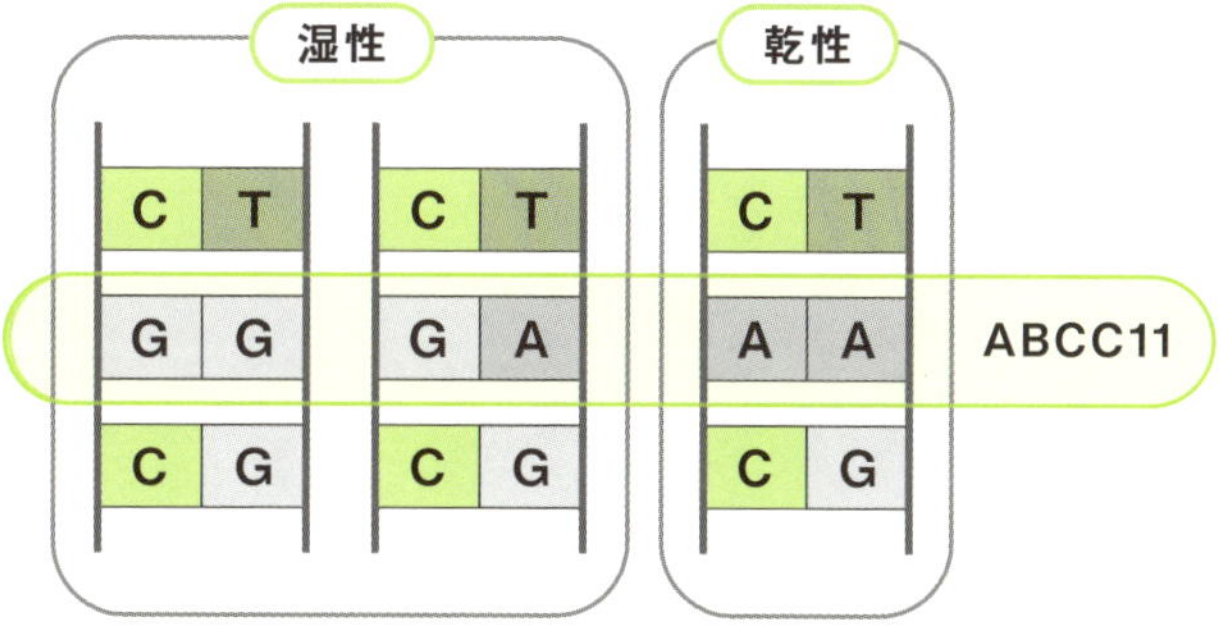

10 日焼けは紫外線からDNAを守る防衛機能

紫外線が遺伝子を傷つける

その昔、小麦色に日焼けした肌はアクティブさの象徴であり、それだけでカッコイイ、健康的ともてはやされた時代もありました。しかし、最近は「日焼けなんてもってのほか」と考える人も多く、日傘や日焼け止めは女性にとって外出時のマストアイテム。最近は男性でも使う人が増えているといいます。日焼けを忌避し、白い肌を美徳とする日本独自の風潮はまだこの先も続きそうですが、本当に日焼けは人間に害しか及ぼさないのでしょうか？

日焼けはじつは人体にとっては重要な防衛機能のひとつです。**日光に含まれる紫外線は肌の細胞を傷つけ、その奥にあるDNAにもダメージを与える有害なものです。**その紫外線を吸収し、バリアの役割を果たすのが色素細胞のつくり出すメラニン。肌が紫外線の刺激に反応し、メラニンが生成されて肌が浅黒く変化するのは、正しく防衛機能がはたらいている証なのです。しかし、メラニンの防衛機能も完璧なものではありません。**繰り返し紫外線を浴び続けることで将来それがシミやシワの原因になったり、損傷したDNAが修復に失敗して皮膚がんに変異したりとトラブルの原因となることもあるのです。**日焼けをする、しないはあくまで個人の自由ですが、どちらも過度にやりすぎるのは肌にとっては考えものかもしれません。

日焼けはモテる、カッコイイは大昔の話？

かつては日焼けに対して「健康的」「カッコイイ」といったイメージを持つ人が多くいましたが、最近はマイナスのイメージを持つ人も多く、さらに美白志向の高まりもあって、男女の別なく日焼け止めや日傘などで紫外線対策をするのが当たり前の時代になってきました。

日焼けでDNAが傷つくと“がん化”することも

日焼けによって肌が黒くなることで、紫外線の吸収率が高まり、DNAへのダメージを軽減することができます。とはいえ、過度な日焼けはオススメできるものではありません。繰り返しの紫外線ダメージでDNAが損傷すると正常に修復ができなくなり、皮膚がんに変異することもあるからです。

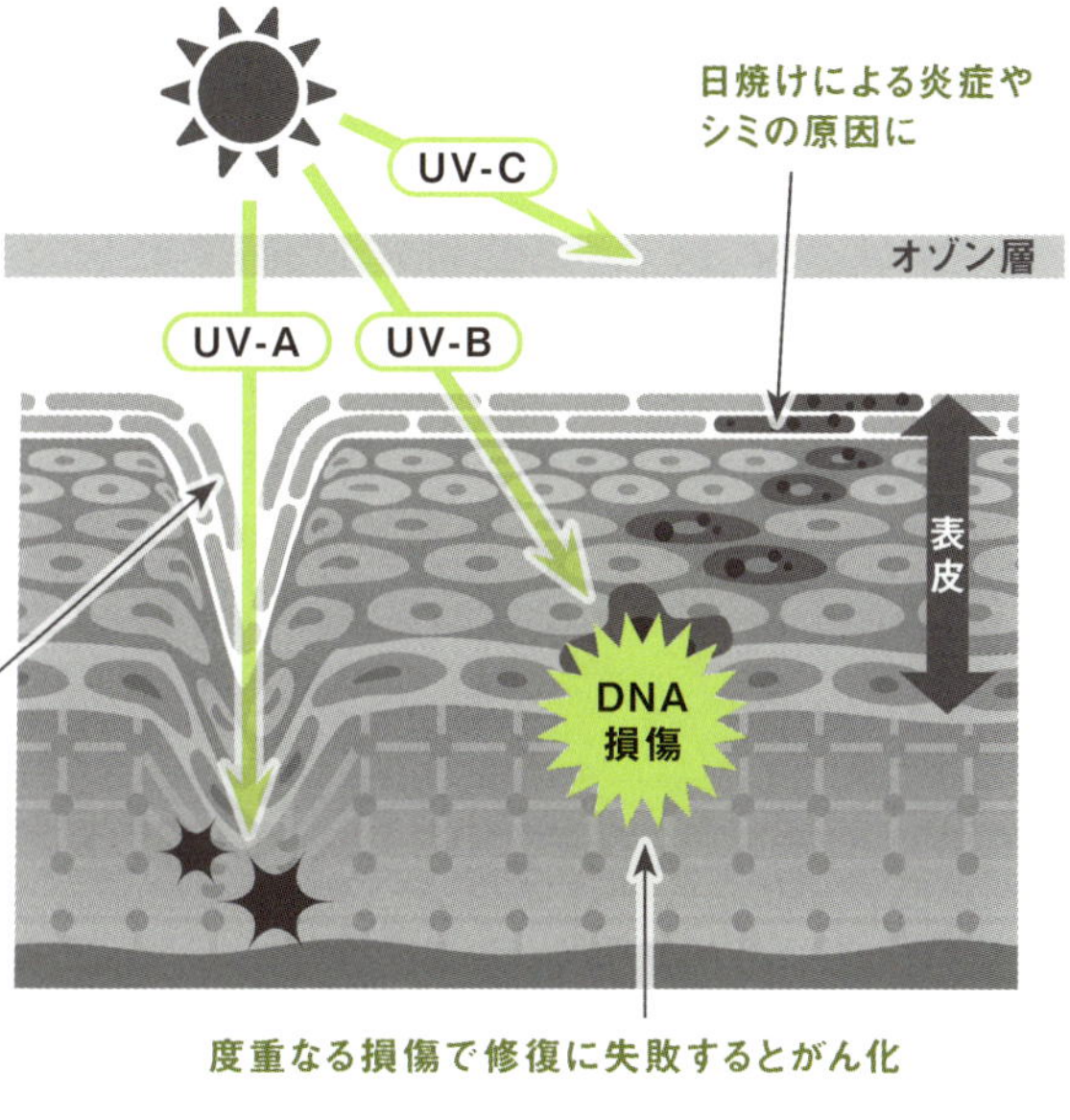

11 親のアレルギー疾患はそのまま子どもに遺伝する？

体質的にリスクが高い可能性あり

厚生労働省が発表したデータ※によると、日本の全人口の約3割、4000万人近くが何かしらのアレルギー症状を持っているそうです。その主な内訳は花粉症が約39%、アレルギー性鼻炎が約28%、アレルギー性結膜炎が約20%、アトピー性皮膚炎が約16%、食物アレルギーは約15%（一部重複あり）となっています。もはや国民病と呼べるほどに身近な存在となったアレルギーですが、疾患そのものや体質が親から子へと遺伝する可能性はあるのでしょうか？

先に結論を書いてしまうと、他の多くの病気と同様、**アレルギーも遺伝的要因であり、親から子へ遺伝する可能性があります。**親のどちらかがアレルギーの場合は50%前後、両方だと70～80%（アトピー性皮膚炎の場合は約90%）の確率で遺伝するという説もあります。数字だけ見るとかなり衝撃的ですが、これはあくまで**遺伝的要因として子どもに受け継がれる確率であり、アレルギー疾患を持つ子どもが生まれる確率ではありません。**左ページの上図で示したとおり、アレルギーの発症は体質（遺伝）のほかに**生活環境や原因物質の有無も関係しています。**仮にアレルギーになりやすい敏感な体質だったとしても、原因をできるだけ遠ざけ、生活環境を整えてあげることでアレルギーの発症は防ぐことができるのです。

※：「アレルギー疾患の多様性、生活実態を把握するための疫学研究（令和3年）」

アレルギー発症のカギは環境・原因・体質

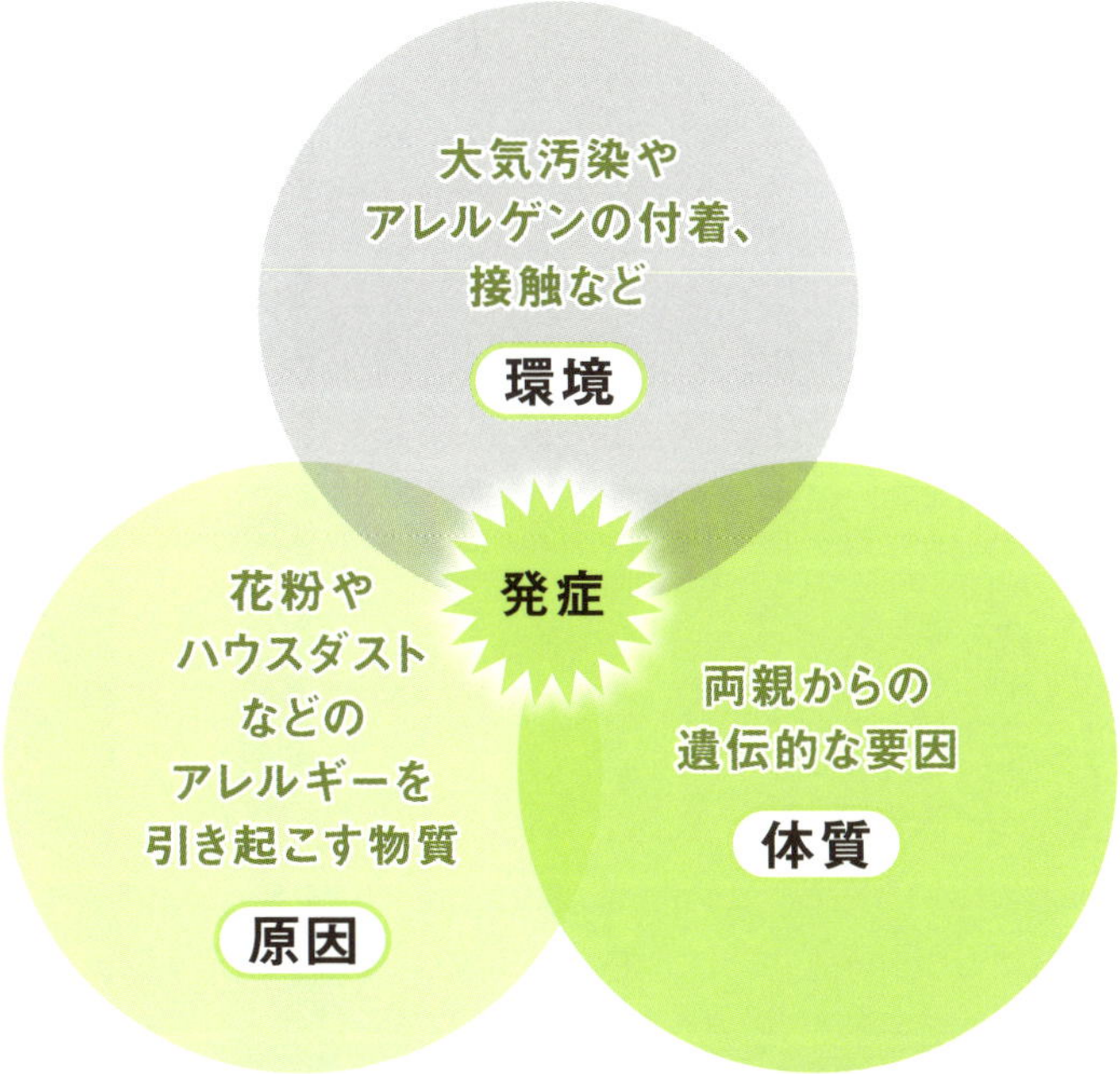

アレルギー疾患は親子で遺伝するものではない

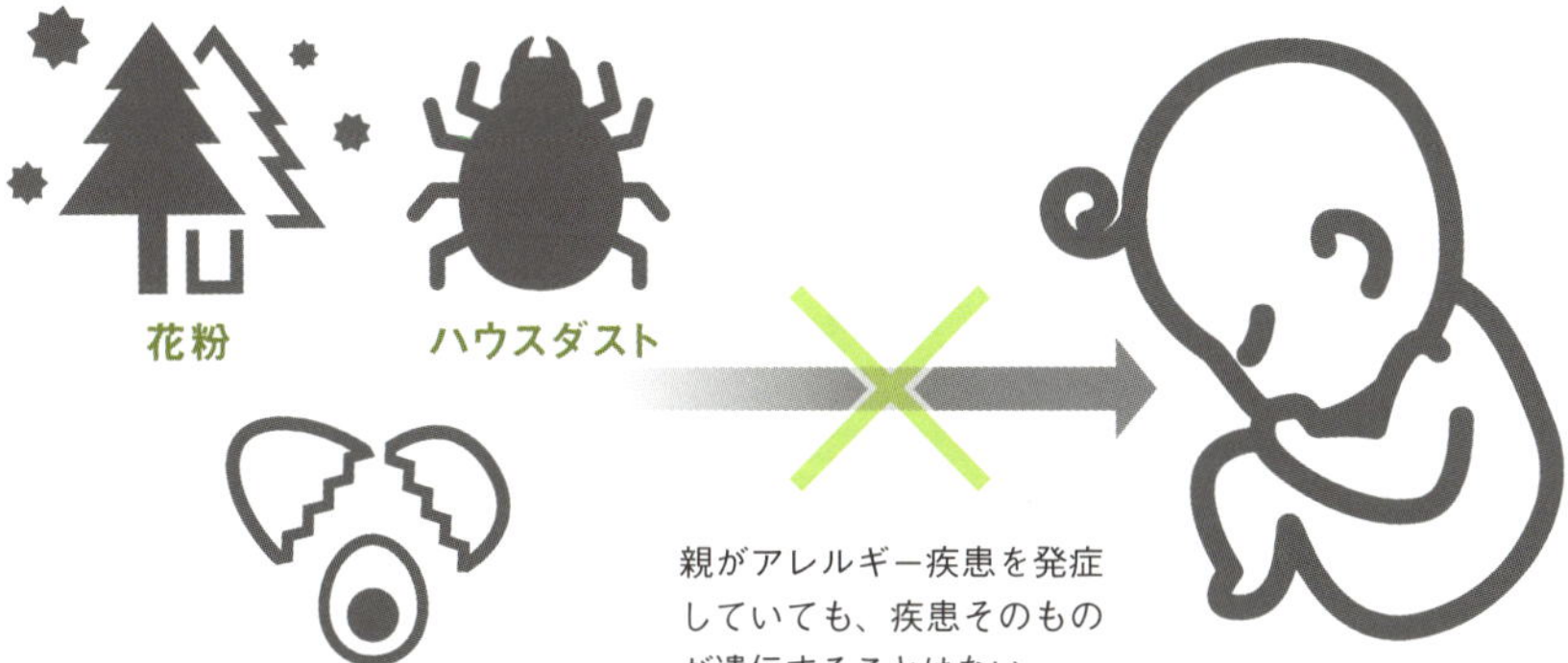
食物
が遺伝することはない

12 人間の寿命を延ばす遺伝子がある

老いに抗うサーチュイン遺伝子

最近、テレビや雑誌などのメディアでも取り上げられることが多く、何かと注目を集めている遺伝子が「サーチュイン遺伝子」です。人類にとって長年の夢でもある不老長寿を実現するかもしれないと期待されている遺伝子で、今まさにさまざまな研究機関や企業によってその解明が進められている真っ最中です。そんな夢のような**サーチュイン遺伝子ですが、そのはたらきを活性化させることでDNAの修復やエネルギー状態の改善、老化（酸化）防止、ストレスから細胞を守るなど、さまざまなメリットが得られることが分かってきました。**また、それらの相乗効果によってアンチエイジングや寿命を延ばす効果があるともいわれているのです。

サーチュイン遺伝子を活性化させる方法としてわかっているのは、①摂取カロリーを抑える、②運動をする、③NMN（ニコチンアミドモノヌクレオチド）を摂取する、の3つです。このうち①と②は一般的な健康法やダイエットと同じ。③はサーチュイン遺伝子の活性化に欠かせないNAD（ニコチンアミドアデニンジヌクレオチド）を増やすことが目的です。枝豆やブロッコリーなどにも少量含まれていますが、食事だけで賄うには1日に数十キロ単位で食べなくてはなりません。手軽に摂取できるサプリメントなどを活用するのがオススメです。

サーチュイン遺伝子がさまざまな老化現象を改善！

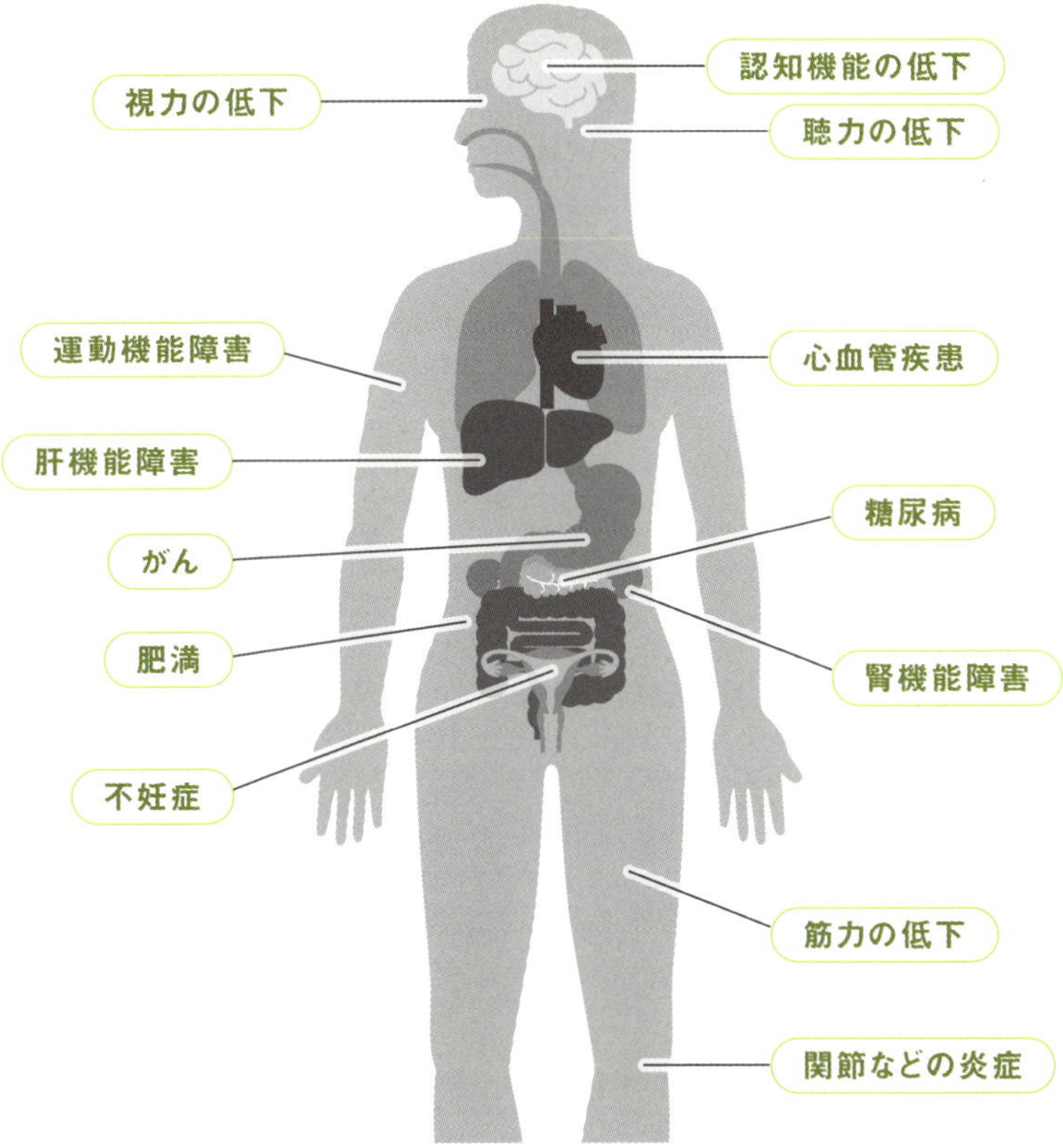

今すぐできるサーチュイン遺伝子の活性化

摂取カロリーを抑える	1日の摂取カロリーを必要量の7〜8割に抑えることで、サーチュイン遺伝子の活性化が促進されます。栄養バランスよく、腹八分目を目指しましょう
運動をする	適度な有酸素運動や筋トレを行うことで、サーチュイン遺伝子の活性化に不可欠なNAD（ニコチンアミドアデニンジヌクレオチド）が増加します
NMNを摂取する	NADを増やす効果があるNMN（ニコチンアミドモノヌクレオチド）を摂取。身近な食品では枝豆やブロッコリーに含まれますが、一度に摂取できる量が少ないため、サプリメントなどを活用するのが一般的です

第2章のおさらいクイズ

Question-1

子どもの身長はどれくらい遺伝の影響を受ける?

A 60%　B 70%　C 80%　D 影響はない

Question-2

薄毛の原因となる遺伝子は誰から受け継がれる?

A 母親のX染色体　B 父親のY染色体
C 祖父のY染色体　D 卑弥呼の染色体

Question-3

次のうち、もっともお酒に強いALDH2遺伝子の型はどれ?

A DD型　B NN型　C HH型　D ND型

▶正解はP.98をチェック

▼P.50の答え▼

Q1 C(→P.10参照)、Q2 B(→P.22参照)、Q3 B(→P.40参照)

第3章

こころにまつわる遺伝とその仕組み

01 知能は遺伝で決まるのか？

双生児法で知能への影響を調べる

遺伝や環境は知能にどのくらい影響しているのでしょうか。行動遺伝学の双生児法をもとに検証してみましょう。左ページの上のグラフはIQテストや学業成績の一卵性と二卵性の相関係数を比べたもの。下のグラフはそこから算出した、遺伝、共有環境、非共有環境の割合を示したものです。見てのとおり、**知能への遺伝の影響は大きく、IQは成長とともに上昇していき、逆に共有環境（親や家庭の影響）の影響は減少しています。**これは自立して親や家庭の影響が薄まることで、本来持っている遺伝的素質があぶり出されてくることを意味しています。

学業成績の場合も、おおむね50%は遺伝の影響があり、共有環境が30%、非共有環境が20%程度です。**欧米と比べて、日本は算数や数学への共有環境がやや大きいという傾向がありますが、これはそろばんや公文といった、わが国特有の習い事の存在が関係しているのかもしれません。**

共有環境の影響があるということは、親次第で学業成績が変わることを意味します。子どもからすれば、自身の遺伝的資質も家庭の環境も自分ではどうしようもないものですが、それで学業成績の個人差の8割が説明されてしまうのです。それでもなお子どもに過剰な努力を強いるなら、それは教育虐待になりかねないのです。

双生児法で見えてきた知能への遺伝の影響

知能と学業の一卵性、二卵性の相関係数と、そこから算出した遺伝、共有環境、非共有環境の寄与の割合をグラフにしたものです。このように、学力の個人差においても遺伝の影響は無視できませんが、共有環境の影響もかなり大きいといえます。

●知能と学業の双生児相関係数

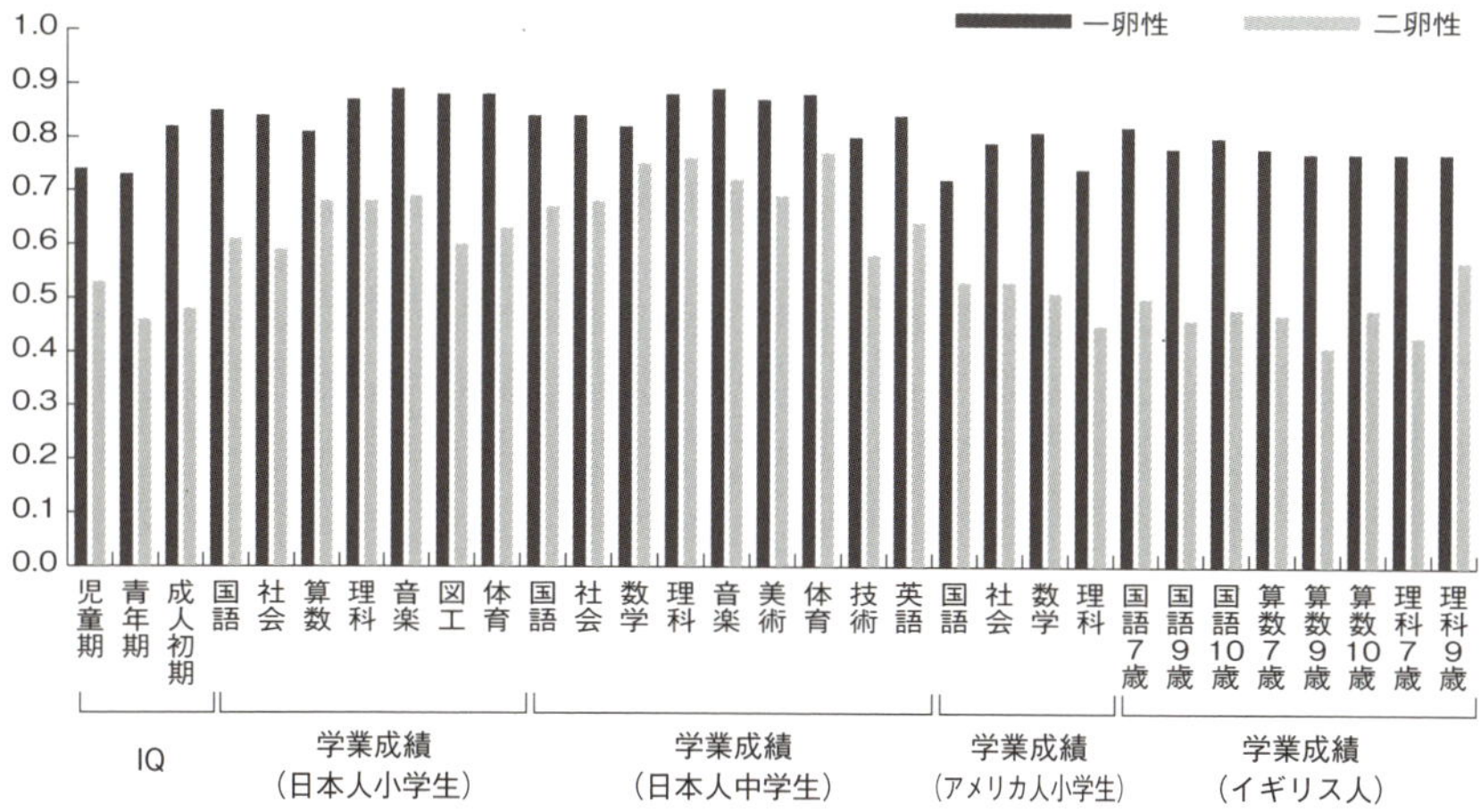

●知能と学業への遺伝・共有環境・非共有環境の影響の割合

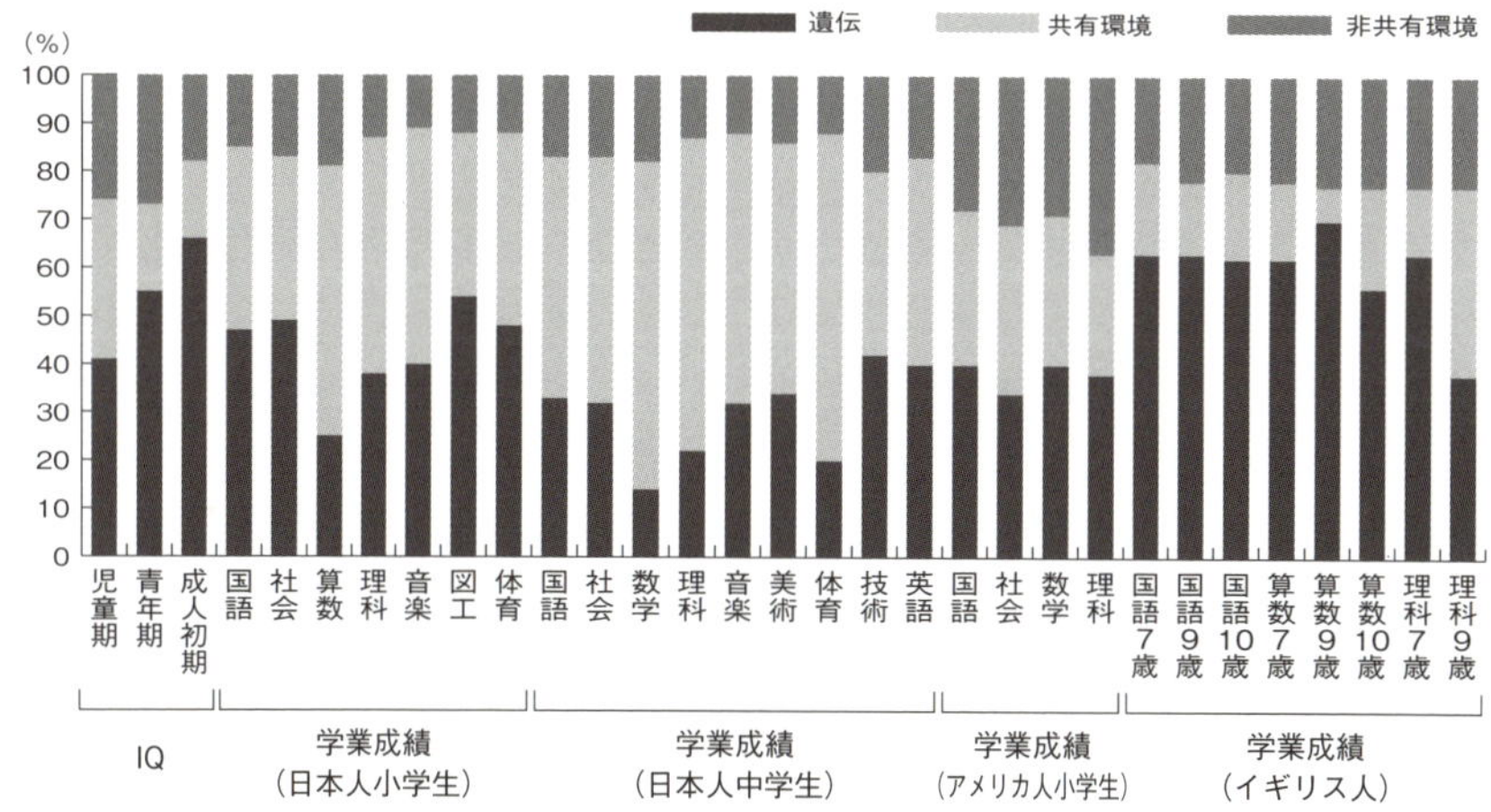

ポリジェニックスコアで将来の学歴がわかる時代に!?

学歴への遺伝子の影響を数値化

近年ではDNAの解析が飛躍的に進み、知能に関わる遺伝子を探す研究も始まっています。

DNAはA、T、C、Gの塩基が並んだものですが、左ページの上の図で「A」が「G」となっているように、ひとつだけ別の塩基になっていることがあります。この違いをSNP（スニップ）、日本語で「一塩基多型」といいます。**SNPは体質や特定の病気のかかりやすさといった個人差が生まれる要因とされています。**つまり、ある形質について違いのある、膨大な人々のゲノム情報を解析して比較し、そこに関連性の高いSNPがあれば、その形質に関わる塩基と考えられるわけです。これが「ゲノムワイド関連解析（GWAS）」で、**見つかったSNPの効果量を数値化し、ある個人が持つ特定の疾患に関わるSNPの合計値を求めれば、その人の発症リスクなどを算出できます。このスコアを「ポリジェニックスコア」といいます。**ポリジェニックスコアは疾患のみならず、パーソナリティ、スポーツ、芸術など、あらゆる分野で算出可能と考えられています。

この研究において、知能の指標になりうるとして注目されているのが、学校教育を何年受けたかという「教育年数」です。教育年数に関連する遺伝子から算出したポリジェニックスコアの分布は、実際のIQの分布と有意な相関があることがわかったのです。さらに、職業、収入、反社会的行動などとの関連も報告されており、研究が進めば知能だけでなく、その人の未来も予測可能になるかもしれません。

遺伝子の違いを調べてポリジェニックスコアを算出

多数の人々のゲノム情報を集めて解析し、一塩基多型（SNP）の違いを探し出します。さらに、SNPごとの影響度を算出し、合計したものがポリジェニックスコアです。

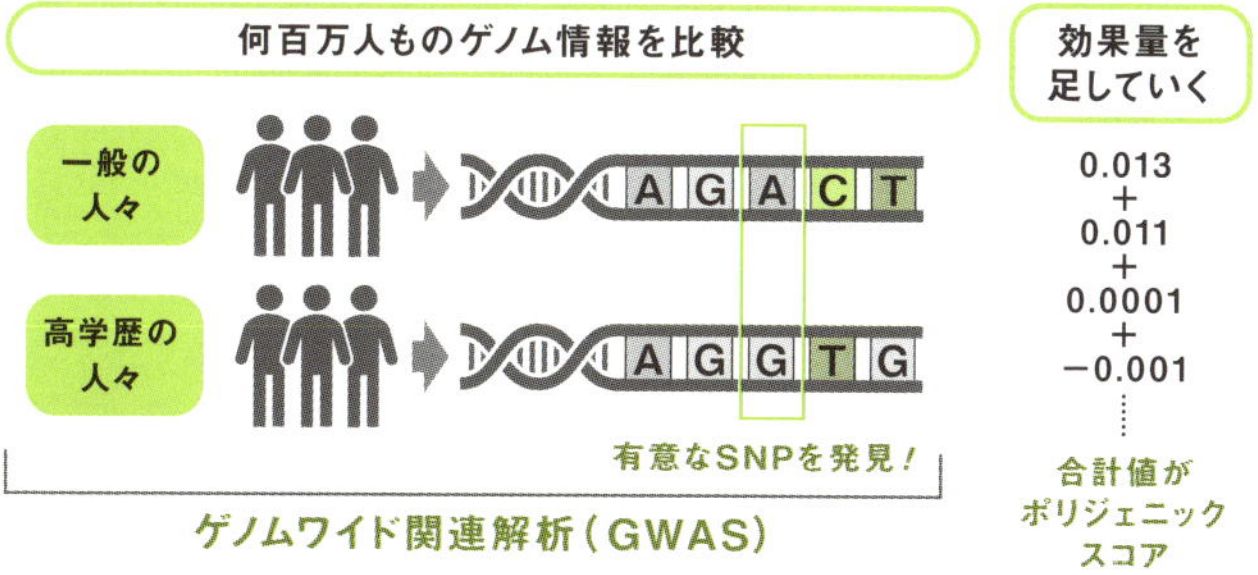

教育年数に関連する遺伝子が次々に見つかる

GWASによって解析した教育年数に関連するSNPのデータを図にしたのが下のマンハッタンプロットです。ただ、これらのデータは白人のもので、人種が違うと結果も変わってきます。しかし、このような研究は日本ではまだなされておらず、倫理面を含めて、これから議論していく必要があるでしょう。

●300万人のデータから得られた教育年数に関連するSNPのマンハッタンプロット

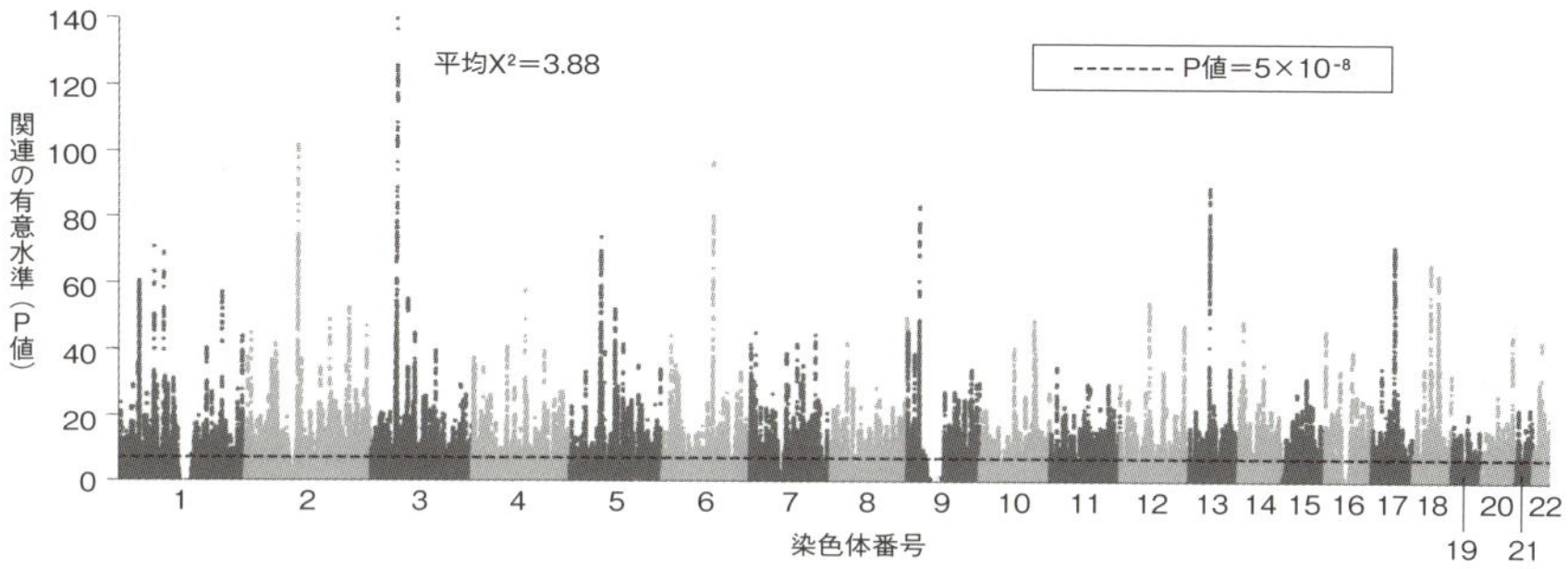

(Okbay,A., Wu,Y., Wang,N,. Jayashankar,H., Bennett,M., Nehzati,S.M., Sidorenko,J., Kweon,H., Goldman,G., Gjorgjieva, T., Jiang, Y., Hicks,B., Tian,C., Hinds,D.A., Ahlskog,R., Magnusson,P.K.E., Oskarsson,S., Hayward,C., Campbell,A.,･･･Young,A.I.(2002))

マンハッタンプロットの見かた

横軸はそのSNPがゲノム上のどこに位置しているのか、縦軸はどのくらい疾患（上の図では教育年数）と関連しているか表わしています。細かいドットのひとつひとつがSNPで、高い位置にあるものほど有意性が高いことを示してします。

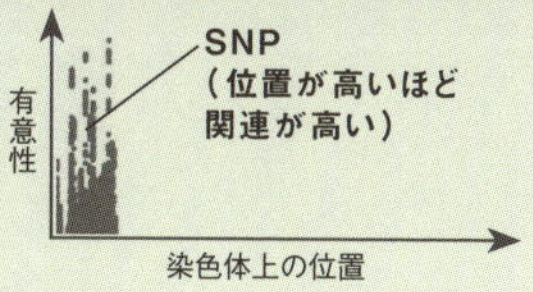

02 親の育て方は子どもの性格に影響しない!?

性格は遺伝と非共有環境の影響大

知能と同じように、性格にも遺伝は影響しているのでしょうか? じつはこれも、**一卵性双生児と二卵性双生児を比べる双生児法によって、かなり相関があることがわかっています。**

そもそも性格をどのように計測するかというと、1980年代にルイス・ゴールドバーグらが提唱した「ビッグファイブ理論」を用いるのが現在では主流です。これは、性格を神経質、外向性、開拓性、同調性、勤勉性の5つに分け、それぞれの評価によって表わそうというものです。詳しくは次のページをご参照ください。この5つの項目に関して、双生児法で遺伝の影響を調べたところ、**どの項目でも30〜50%ほどの相関が見られました。性格に及ぼす遺伝の影響はけっこう大きいといっていいでしょう。**

一方、環境面について見てみると、共有環境の影響はいずれもゼロで、残りは非共有環境が影響しているという結果でした。同じ家庭環境で育った子でも、その環境は性格には影響せず、個人差はそれ以外の非共有環境によって生まれているわけです。つまり、**親の育て方は子どもの性格に影響していないことになります。**「やさしい子にしたい」と親ががんばって育てても、子どもがそうなるわけではないというのは、ちょっと驚くべき点かもしれません。

性格への遺伝の影響

「ビッグファイブ理論」 1980年代に心理学者ルイス・ゴールドバーグが提唱した理論。性格を以下の5つの項目に分け、それぞれ高いか低いかによって性格を数値化した。

神経質	高いほど不安や緊張を感じやすい。低いほど情緒が安定していてストレスを感じにくい
外向性	高いほど他人との交流を好む。低いほどひとりの時間を好む
開拓性	高いほど知的好奇心が強い。低いほど手堅く安全性を好む
同調性	高いほど他者への共感や配慮ができる。低いほど他者と距離を置く
勤勉性	高いほど真面目で責任感が強い。低いほど直感的で感情的に行動する

一卵性・二卵性双生児に見る性格の共通性

●性格と遺伝の相関
（一卵性・二卵性双生児の比較）

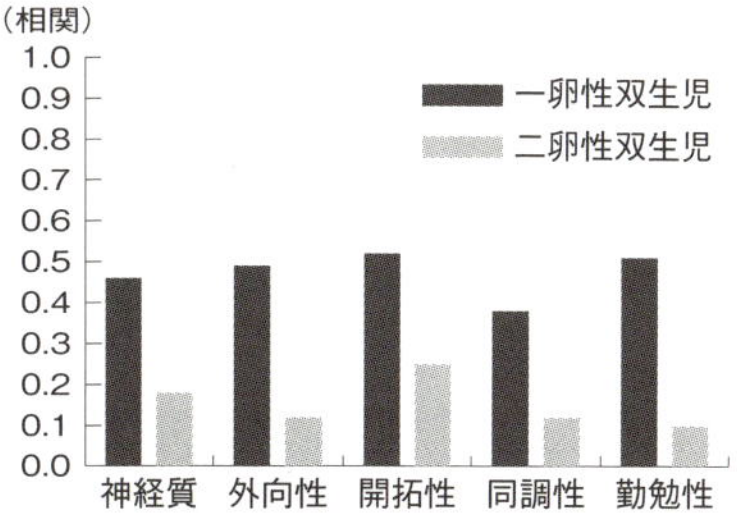

※筆者の研究室で行った研究より

・一卵性双生児は性格が似ていることが多い

・二卵性双生児は一卵性双生児と比べて半分以下しか性格が似ていない

性格は遺伝の影響を受けている

一卵性双生児は性格が50％近く似ているのに対し、二卵性双生児はその半分以下しか似ていません。このことから、遺伝が影響しているのが読み取れます。

性格に遺伝はどれくらい影響する？

●性格への遺伝と環境の影響度

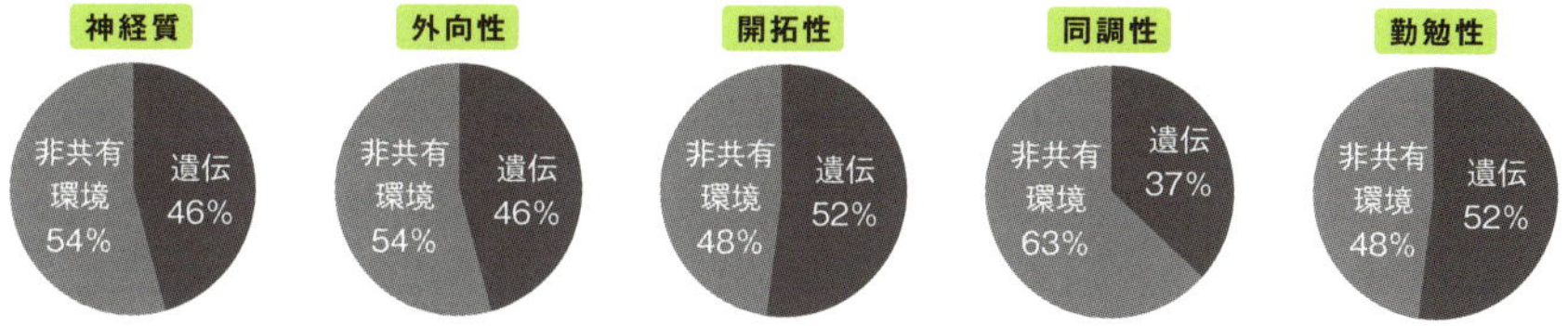

※筆者の研究室で行なった研究より。数値はおおよその値。共有環境の影響は認められず。

一卵性双生児と二卵性双生児の差から、性格への遺伝の影響を調べたのが上のグラフ。性格5項目とも、遺伝の影響が3～5割ほど表われています。また、共有環境の影響はいずれもゼロで、性格は遺伝と非共有環境のみで説明できることがわかります。

03 幸福の感じ方には遺伝子が関係している？

幸福感に関わる遺伝子が判明

皆さんが幸せを感じるのはどんなときでしょうか？　美味しいものを食べたとき？　とても楽しい体験をしたとき？　それとも日常の何気ないひとときにも幸せを感じたりしますか？　答えは人それぞれでしょう。たとえば同じ体験をしても、幸せを感じる人とそうではない人がいると思います。この個人差は、どこから生まれてくるのでしょうか？

じつは幸福感というのは、脳内でマリファナに似た物質をあるタンパク質が受け取るときに発生します。そしてそのタンパク質をつくるのに、CNR1という遺伝子が関わっていることがわかっています。愛知医科大学などの研究グループによれば、大学生と大学院生を対象に幸福度の調査をしたところ、CNR1遺伝子との相関が見られたそうです。このCNR1遺伝子の塩基がCCかCTだと幸福を感じやすく、TTだと幸福を感じにくいという結果でした。限られた年齢層での研究ではありますが、**遺伝子が幸福感に影響しているのは確かなようです。**

なお、幸福感は遺伝だけではなく、自分自身の行動や活動による影響も大きいと、心理学者ソニア・リュボミアスキーは語っています。たとえ遺伝的に幸せを感じにくかったとしても、楽しいことや心躍ることに積極的に取り組めば、幸せに溢れた人生になると思いたいところです。

幸福の感じ方への遺伝の影響

人が幸福を感じるメカニズム

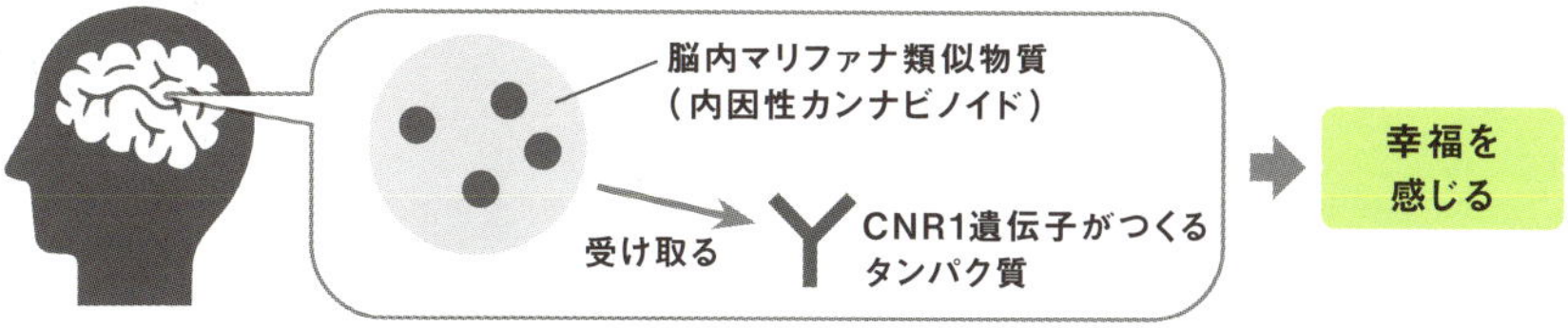

人は、脳内でマリファナに似た物質（内因性カンナビノイド）を受容体のタンパク質が受け取るときに幸福を感じます。このタンパク質をつくるのに関わっているのが、CNR1という遺伝子。つまり遺伝が幸福感に影響していることになります。

遺伝による幸福の感じ方の違い

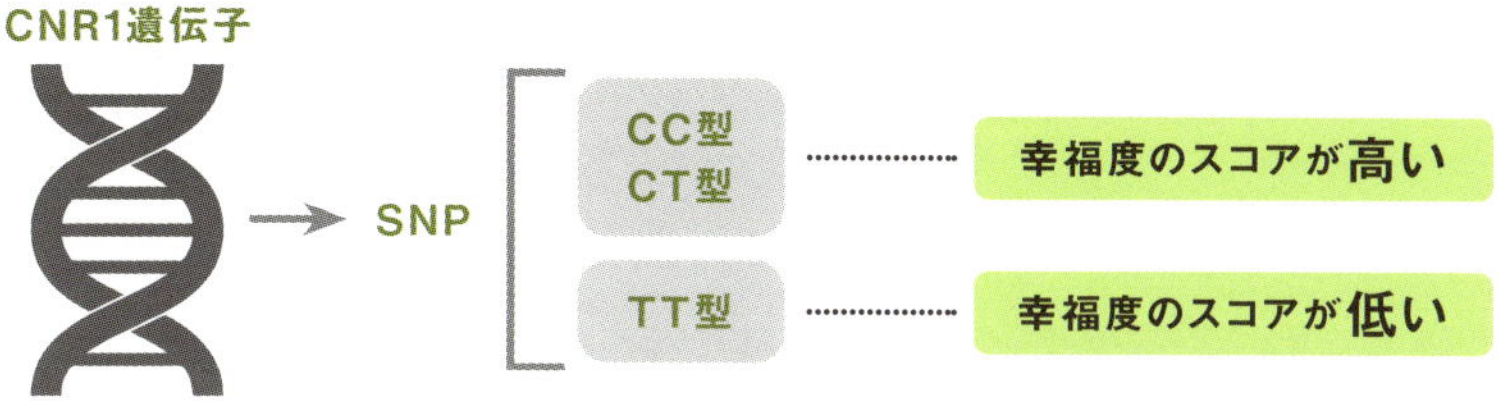

愛知医科大学などの研究により、幸福の感じ方にCNR1遺伝子が関わっている可能性が指摘されています。ただし幸福感は、他にもたくさんの遺伝子が影響している「非相加的遺伝効果」であるため、「幸福の遺伝子」を特定することはできません。

幸福の感じ方に遺伝はどれくらい影響する？

幸福感には遺伝が影響していますが、自身の行動や活動も重要であると心理学者ソニア・リュボミアスキーは唱えています。一方、収入や地位などについては、周囲がうらやむほどには本人の幸福感にあまり関係していないそうです。

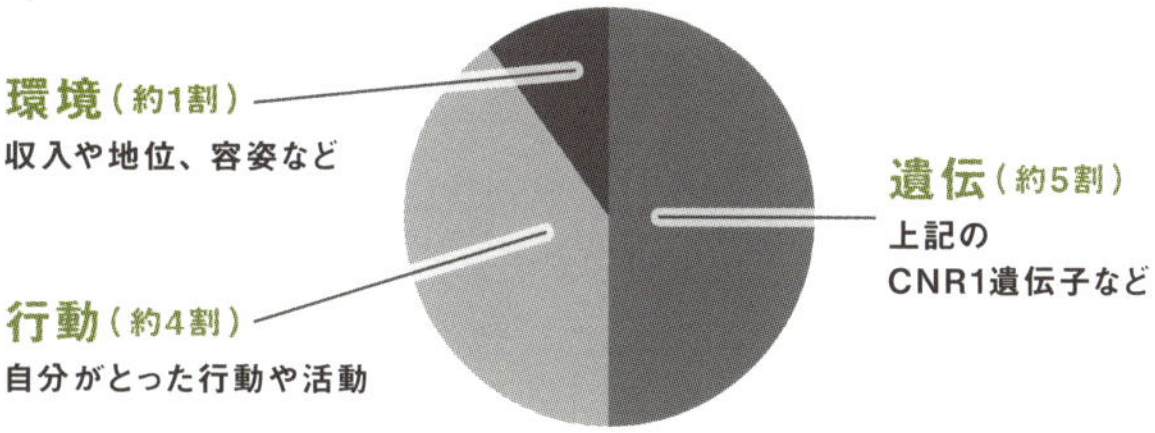

※ソニア・リュボミアスキーの著書より

04 思春期の女子が父親を嫌う理由

自身と近い遺伝子の男性を嫌う

小さい頃は父親になついていた女の子が、思春期に入ってからは父親を避けるようになる……とくに匂いが「臭い」と言って嫌う、という話を聞いたことがあると思います。世の中のお父さん方にはつらい話ですが、これは遺伝子から考えるとごく自然な流れなのです。

その**原因となっているのがHLAという遺伝子。これは免疫に関わる遺伝子で、外来の病原体に対する抗原と関係があります。**このHLAは人それぞれ種類が違い、異なるHLAの持ち主同士が子をつくることで、子はより幅広い病原体と戦える免疫を獲得しやすくなります。

そんな理由から、**女性は本能的に自身とはなるべくタイプの違うHLAの持ち主を求めます。このとき、親から受け継いだHLAが基準となるため、父親はHLAのタイプが非常に近い男性として嫌悪の対象となるのです。**

ひとつ、海外で興味深い研究があります。男性が何日か着たTシャツの匂いを女性に嗅いでもらったところ、肉親男性よりも血縁関係のない男性のTシャツのほうを好ましいと感じたそうです。非血縁者の男性の匂いに惹かれ、肉親男性の匂いを臭いと感じて嫌うのは、子孫を残すための女性の本能といえるでしょう。娘が父親の匂いを嫌い始めたら、女性としての生命力の表われと思って温かく見守ってやりましょう。

「女性は肉親男性の匂いを嫌う」という実験結果

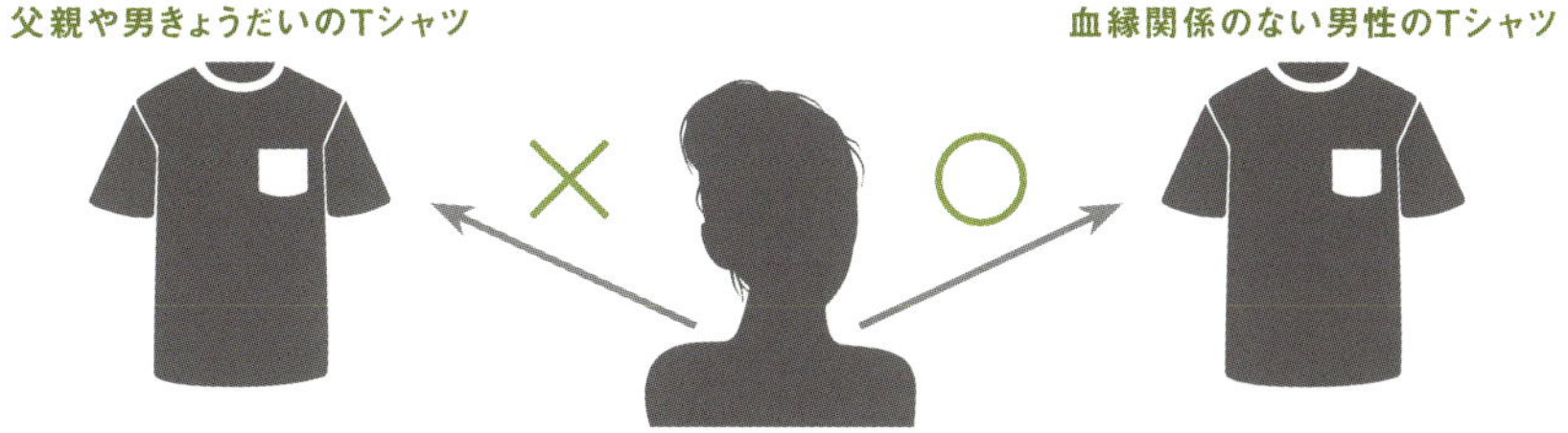

男性が何日か着たTシャツを、誰のものか伏せて女性に匂いを嗅いでもらう実験をしたところ、女性は非血縁者のTシャツの匂いを好ましいと感じる結果になりました。父親や男きょうだいのＴシャツの匂いは「臭い」と嫌悪の対象でした。

「HLA」の匂いを女性は嗅ぎ分ける

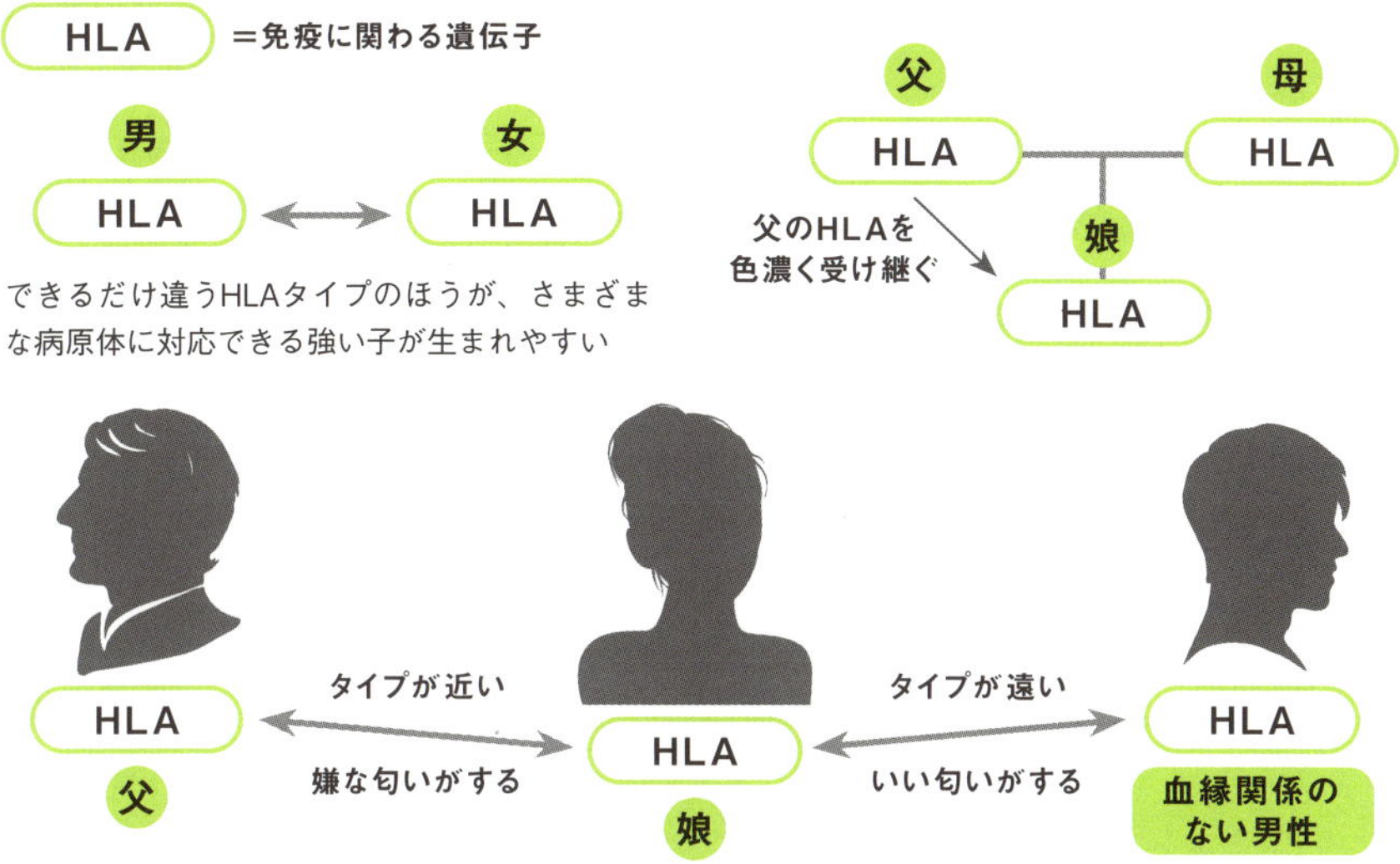

女性が男性の匂いを嗅ぎ分けるカギとなっているのがHLAという遺伝子。HLAのタイプが遠い相手のほうが、生まれてくる子に免疫の多様性がつきやすいのです。そのため、HLAのタイプが近い肉親男性の匂いを本能的に嫌うのです。

子孫を残すために本能的に匂いを嗅ぎ分けている

05 近親同士の結婚はなぜよくないのか

子孫繁栄に重大な悪影響

近親婚がよくないというのは、現在では各国共通の認識です。日本では3親等（叔父と姪など）以内の結婚は認められておらず、国によっては4親等（いとこ同士など）まで禁止されています。なぜ近親婚はダメなのでしょうか？

遺伝子の面から考えると、前項で述べたHLAがまず挙げられます。これのタイプが近い者同士で結婚すると、生まれてくる子の免疫に問題が出て、虚弱体質になる可能性があります。

ほかにも、先天性疾患や精神障害などの有害な遺伝子が表に現われてしまう危険もあります。

こうした遺伝子は基本的には劣性で、通常は発現することがほとんどなく、また両親ともにこのような遺伝子を持っていることは稀です。しかし、近親者同士だと揃って有害な遺伝子を受け継いでいる場合もあり、子供に有害な体質を伝えてしまう可能性があるのです。

17世紀にスペインを治めていたハプスブルク家が、近親婚を繰り返した末、カルロス2世を最後に滅びたのは有名な話です。カルロス2世は、アゴが大きすぎるなど先天的な異常があり、歩行や学習能力にも難があったうえ、性的不能で跡継ぎをつくれませんでした。

倫理的な問題はさておき、**生物として子孫繁栄に悪影響をもたらすのが、近親婚がよくないとされるいちばんの理由といえるでしょう。**

近親婚の危険性

例　全兄妹の近親婚の場合

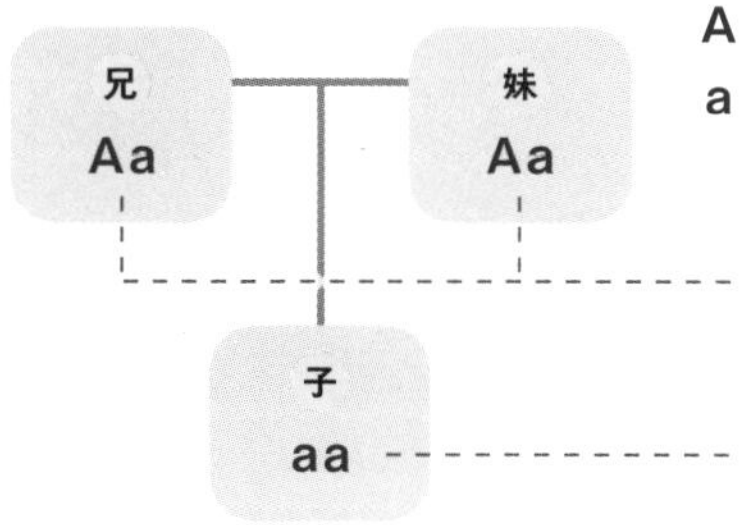

A …健康体の遺伝子（優性）。大多数の人が持っている

a …有害な遺伝子（劣性）。ごく稀にしか表面化しない

兄妹は遺伝子的に近いため、親から有害な遺伝子aをともに受け継ぐ可能性がある。この時点では優性遺伝子Aの陰に隠れてその形質は表面化しない

有害な遺伝子a同士が揃ったaaという子が生まれる可能性がある。すると有害な遺伝子aの形質が表面化する（先天性疾患や虚弱体質など）

さらに、免疫に関わる遺伝子が似通って遺伝的多様性を得られなくなる弊害も

近親婚は、上記のように有害な遺伝子が表に出てきてしまう危険があります。また、お互いにHLAのタイプが近いことで、子が免疫の多様性を獲得しにくい点も挙げられます。このような生存に不利となる大きなリスクをはらんでいます。

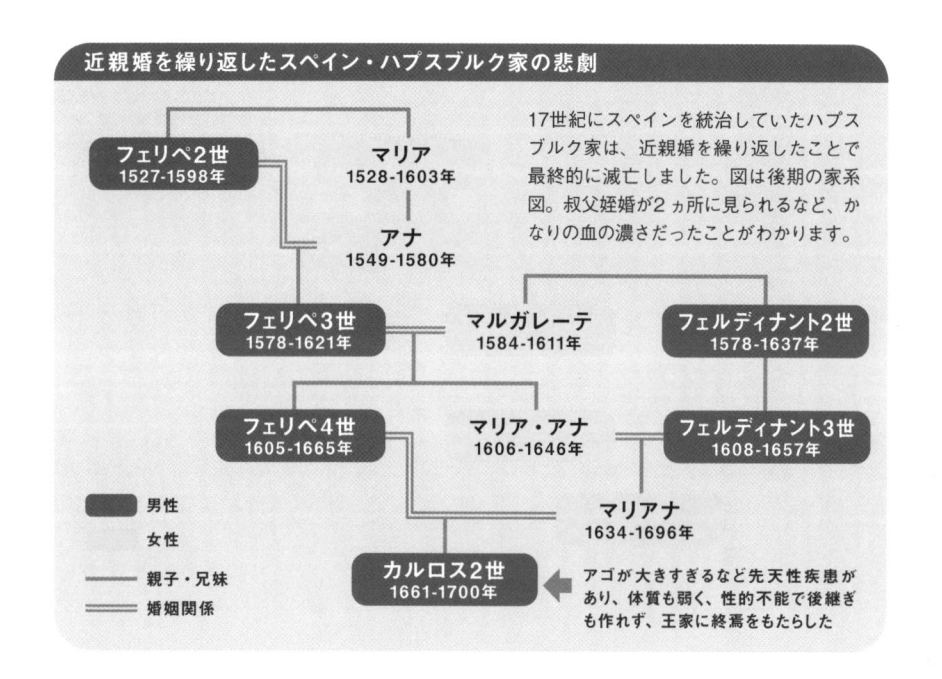

近親婚を繰り返したスペイン・ハプスブルク家の悲劇

17世紀にスペインを統治していたハプスブルク家は、近親婚を繰り返したことで最終的に滅亡しました。図は後期の家系図。叔父姪婚が2ヵ所に見られるなど、かなりの血の濃さだったことがわかります。

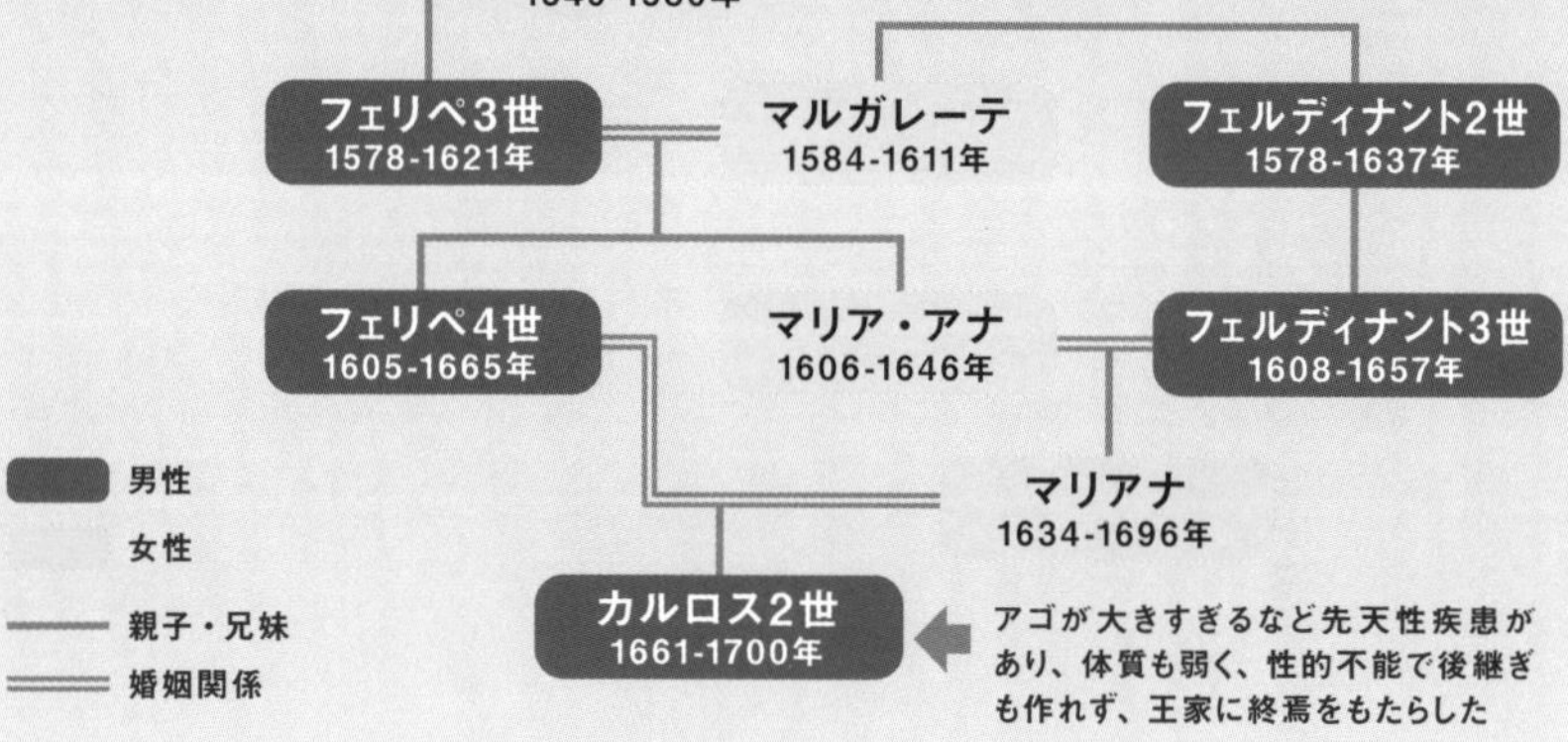

06 依存症や精神疾患も遺伝してしまうのか

遺伝の影響は確かに大きいが……

心の病気である依存症や精神疾患は、発症するかどうかは人それぞれです。たとえば同じようにアルコールを摂取していても、アルコール依存症になる人とそうでない人とがいます。この個人差にも、遺伝子が関わっています。

たとえば**依存症では、アルコール中毒、喫煙、マリファナについての海外の論文によると、いずれも遺伝の影響が50~60%と、それなりにあります。ただ、共有環境の影響もそれに次いでけっこうあります。**アルコールやタバコなどの物質依存は、それが手に届くところにあることで起こるもの。身近に置いてあったり、親が口にするのを日頃から見ていたりすれば自分も始めてしまいやすいですが、これらが存在しなければ依存症にはなりません。もし遺伝的に依存症になりやすいようなら、対象物を身近に置かないなどの対策が大事になるわけです。このように遺伝と環境がお互いに影響し合うことに関しては、92ページで解説します。

一方、精神疾患に関しては、統合失調症、自閉スペクトラム症、ADHDの3つでは遺伝の影響が80%ほどと、非常に大きく現われています。また、共有環境の影響は統合失調症以外はゼロで、家庭環境が関係ないことがわかります。持って生まれた遺伝的素質に加え、非共有環境が精神疾患の発症に関わっているといえます。

精神疾患への遺伝の影響

精神疾患への遺伝と環境の影響度

※数値はおおよその値。海外論文より抜粋

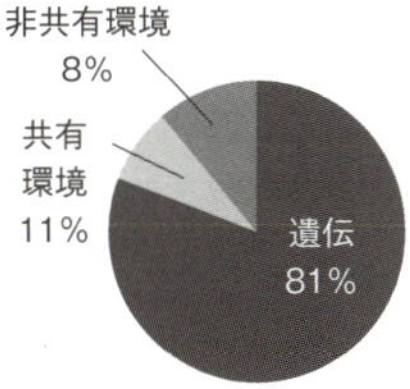

統合失調症

幻覚や妄想、思考障害などが起こり、日常生活に支障をきたす精神疾患

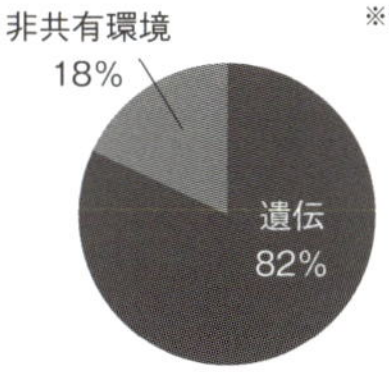

自閉スペクトラム症

コミュニケーションが困難だったり、人や行動に強いこだわりを持つなど、さまざまな症状がある

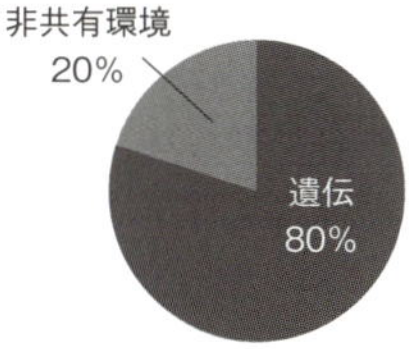

ADHD

不注意や衝動性、多動性など幼い子どものような行動が見られる精神疾患

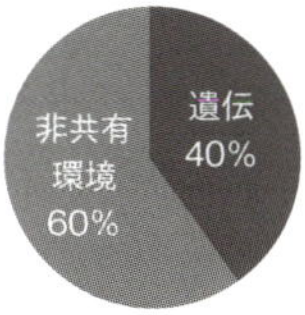

うつ傾向

気分が落ち込み、食欲や睡眠などにも支障が出る状態

精神疾患については遺伝の影響がかなり大きく、生まれ持った素質が発症しやすさを左右しています。一方、共有環境の影響は統合失調症を除けばほとんどなく、あとは各自が経験する非共有環境が精神疾患の発症に影響しています。

精神疾患には遺伝が大きく影響している

依存症への遺伝の影響

依存症への遺伝と環境の影響度

※数値はおおよその値。海外論文より抜粋

アルコール中毒

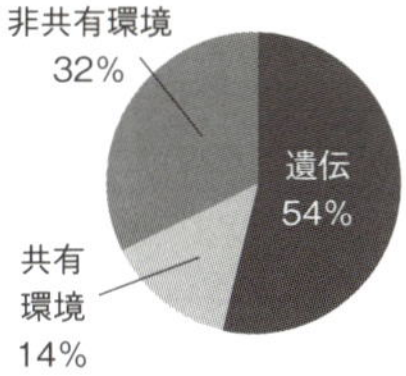

喫煙(男性)

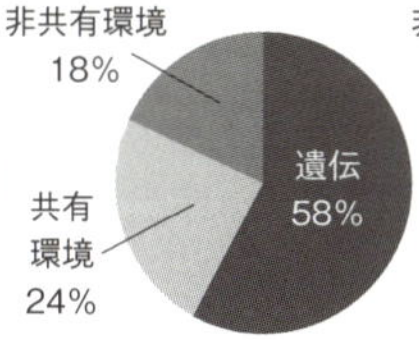

喫煙(女性)

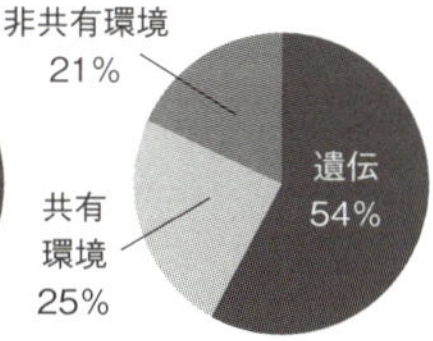

マリファナ

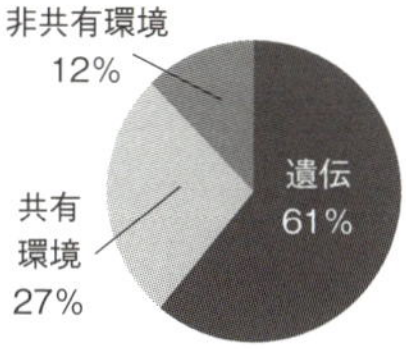

依存症に関して、遺伝の影響はそれぞれ50～60%と比較的ありますが、共有環境の影響力も見逃せません。家庭環境や周囲の仲間など、環境が揃うことで依存症は生まれやすいですし、そうした環境がなければ依存症になりにくいといえます。

依存症は共有環境(家庭環境など)が影響しやすい

07 非行や犯罪は環境？それとも遺伝？

若年期とそれ以降で傾向が変わる

非行や犯罪といった反社会的行動についても、遺伝との関係を示すデータがあります。これらの行動に走りやすいかどうかは、もともとの遺伝的素質が影響しているわけです。ただ、これは若年期とそれ以降とで状況が変わってきます。

若いうちは〝若気の至り〟という言葉があるように、勢いや誘惑でつい非行に走ってしまうこともあるでしょう。**15歳未満の家出、虐待、器物破損、窃盗のデータによると、この時点では遺伝の影響はゼロで、共有環境と非共有環境のふたつが非行に影響しています。**育った環境や付き合う仲間などによって、非行に走るかどうかが変わってくるといえます。

それが、15歳を過ぎると状況が一変します。社会規範への不従順、攻撃的行動、衝動的行動、不倫の4項目について見ると、遺伝の影響が大きく現われ、逆に共有環境の影響はなくなります。分別がつくようになってからの非行や犯罪は、悪いとわかっていながらもやってしまう行動であり、これにはもともとの遺伝的素質が関わってくるわけです。ただ、前項の依存症のところで述べたように、**遺伝的素質を持っていても環境次第では結果が変わってきます。**また、犯罪といっても政治犯や思想犯などは文化や社会状況次第であり、これらは一概に遺伝子の影響とはいえない側面もあります。

非行と遺伝の関係

非行への遺伝と環境の影響度(15歳未満)

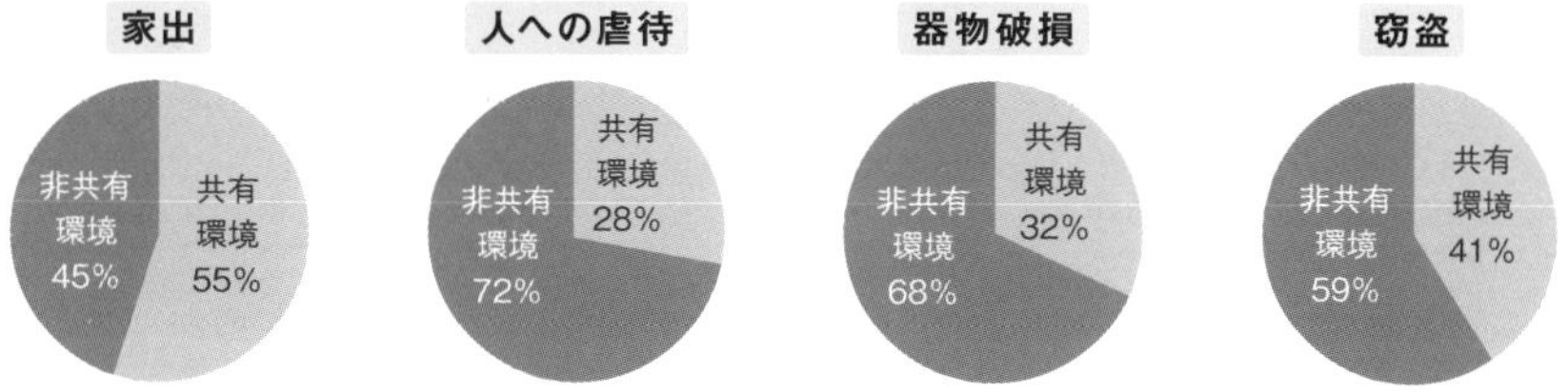

※数値はおおよその値。海外論文より抜粋。遺伝の影響は見られず

非行への遺伝と環境の影響度(15歳以上)

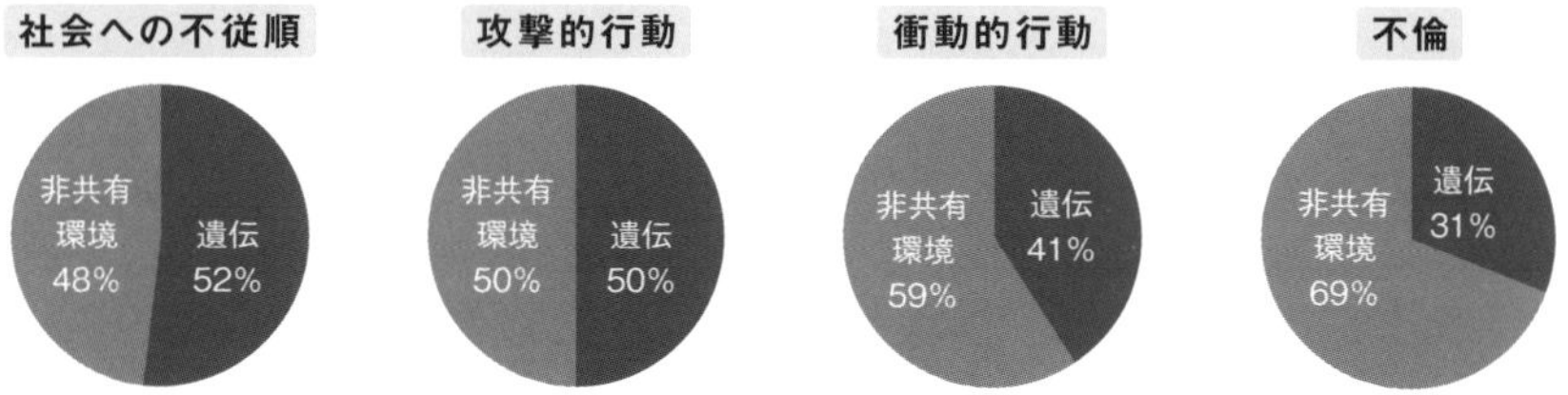

※数値はおおよその値。海外論文より抜粋。共有環境の影響は見られず

非行や犯罪への遺伝の影響は、15歳未満とそれ以降とで変わってきます。15歳未満では共有環境に左右されますが、15歳以降では遺伝の影響が大きくなってきます。分別がつくようになってからの行動は、遺伝的素質が現われやすいことが見て取れます。

若いうちは共有環境、それ以降は遺伝の影響が大きい

遺伝と環境の交互作用

遺伝的素質があっても、必ず非行や犯罪に走るわけではありません。環境次第で非行しやすくなったり、逆にしにくくなったりします。このように、遺伝と環境が合わさって影響することを「遺伝と環境の交互作用」といいます。

08 「努力」も遺伝の影響を受けている

そもそも「努力」ってどういうもの？

これまで知能やパーソナリティといった、すべての心の動きに遺伝が影響していることを繰り返し述べてきました。では、「努力」もまた遺伝の影響を受けているのでしょうか。

「努力」という言葉は3つの違う事柄を指し示しています。ひとつめは**「一定期間集中して行う努力」**で、受験勉強などがこれにあたります。このタイプの努力は、IQや自己制御能力と同じように脳の前頭前野がはたらいていて、もちろんそこには遺伝の影響があります。

ふたつめは**「どんなことでもコツコツやり続ける性格としての努力」**で「勤勉性」と呼ばれるものです。これは外向性や同調性といったパーソナリティのひとつで、やはり遺伝が作用しています。さらに言うと、共有環境の影響はほとんど受けません（49ページのグラフ参照）。つまり、家庭で教えたり家族の姿を見て習得したりすることができないものなのです。

3つめは**「遺伝的素質の現われとしての努力」**です。これは、特定のことについてずっと考え、やり続けてしまう行動のことで、本人は努力と思っていないかもしれないのですが、周りの人にはすごい努力に見えてしまうのです。言わば、突出した遺伝的素質が作用したもので、一卵性で片方がこのタイプなら、もう片方も程度の差こそあれ似たタイプになるでしょう。

「努力」には３つのタイプが存在する

①状況適応としての「努力」
やりたくないときでも一定期間集中してやり遂げる行動

②性格としての「努力」
どんなことでもコツコツとやり続ける、勤勉性といわれるもの

③遺伝の現われとしての「努力」
特定のことを意識せずとも四六時中考え、
永続的にやり続けてしまう行動
（周囲からは努力に見えるが、当人にとっては自然な行動）

●3つの努力の違い

対象	特定のもの	何に対してでも
一時的	①	ー
永続的	③	②

●能力、学習、努力に関連する概念の相関図

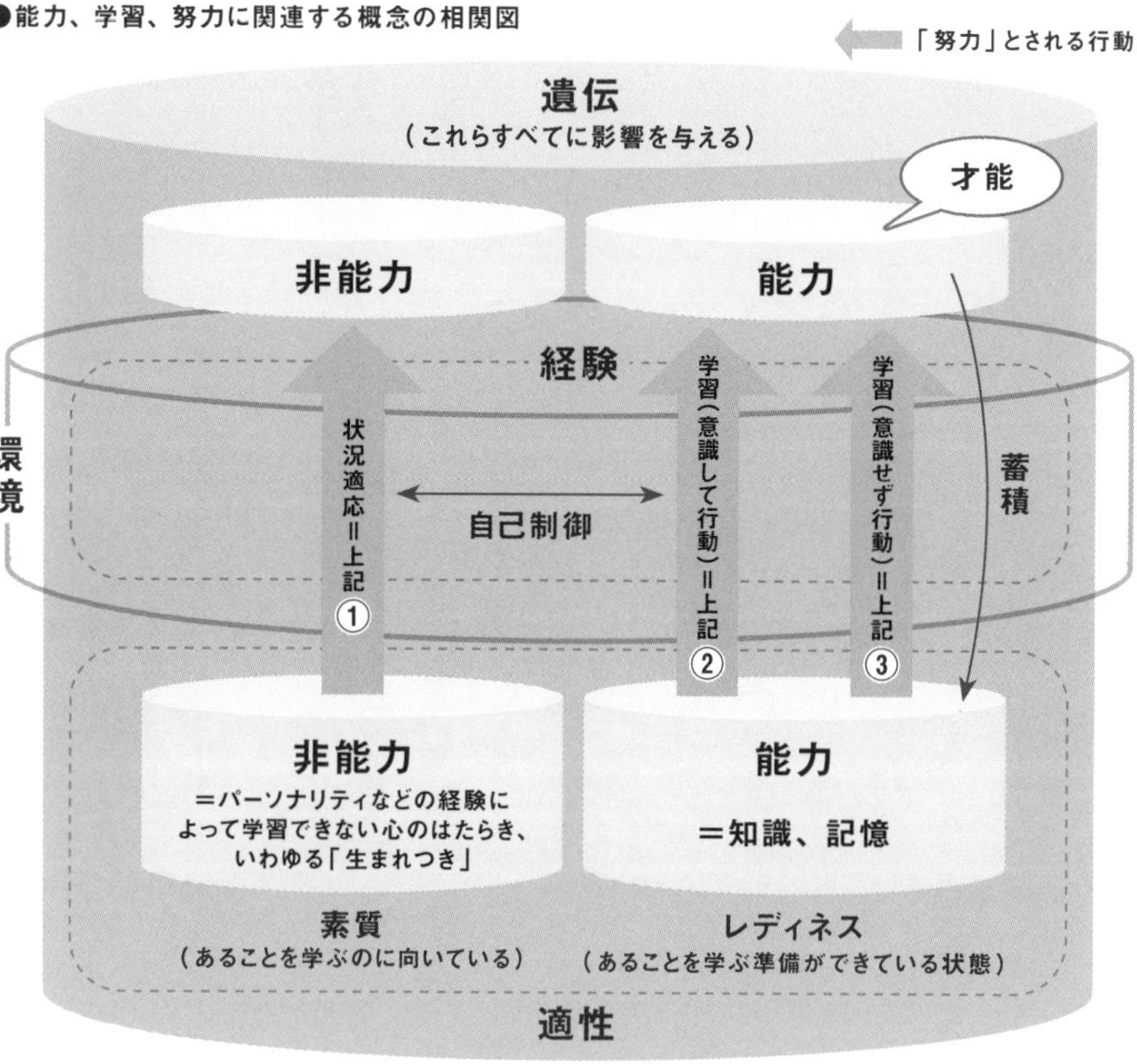

意識的であれ無意識であれ、特定の目標に向かって長期にわたる学習（練習、訓練、勉強などを含む）を持続できるかどうかは、遺伝的な個人差が関わっているのです。

09 家柄と才能、結婚するならどっちが得か

将来性なら才能重視か？

お金持ちの家に生まれた平凡な人と、お金はないけど遺伝的な才能を持った人がいたとして、結婚するならあなたはどちらを選びますか？

裕福な家に生まれた子は、その行動に遺伝的な素質が影響しやすいというデータがあります。家庭に余裕があることで、子どもはやりたいことができる。勉強が好きな子は勉強を、スポーツが好きな子はスポーツと、好きなことを自由にできることで、それぞれ遺伝的素質が現われやすくなります。これに対し、裕福でない普通の家庭に生まれた子は、経済的な制限からできることの幅が相対的に狭く、親が用意した環境の中で生きていくことになります。そのため、**遺伝的素質が十分に発揮されない場合もあり、能力や行動は家庭環境の影響を大きく受けます。**

一方、その人の収入は、若いうちは家庭環境に左右されますが、年齢とともに遺伝的素質が大きく影響するようになるという研究報告があります（122ページ参照）。結局は才能がものをいうわけで、その点ではお金がなくても才能のある人のほうが将来性があるといえます。

なお、前述のようにお金のない家庭で育つとやりたいことができず、遺伝的素質を十分に生かせない可能性もあります。将来性の芽を摘んでしまわないよう、このあたりは行政の力で何らかのサポートが必要ではないかと思います。

家柄が才能に及ぼす影響

例 勉強の才能がある場合

裕福な家庭

遺伝的素質の高い・低いが才能として現われやすい

裕福な家庭では子どもに好きなことをやらせる余裕があります。勉強が好きな子は勉強を、スポーツが好きな子はスポーツを存分にでき、その結果としてそれぞれ遺伝的素質が反映されやすくなります。

普通の家庭

家庭環境（共有環境）が才能に影響しやすい

裕福でない普通の家庭では、子どもに好きなことをやらせる余裕がなく、子どもは親のつくった環境で生きていくことになります。そのため、遺伝的素質が十分に発揮されない場合もあり、家庭環境が能力や行動に大きく影響する傾向があります。

遺伝的素質の高い子は家柄にかかわらず才能を発揮できる……？

裕福な家庭の場合
➡ **やりたいことが自由にできる**

普通の家庭の場合
➡ **やりたくてもできないなどの制限がある**

遺伝的素質の高い子は、環境にかかわらず才能を発揮するという研究があります。しかし現実的には、やりたいことが自由にできない家庭ではなかなか難しいかもしれません。

第3章のおさらいクイズ

Question-1

子どもの性格形成に家庭環境は
どれくらい影響する?

A 約30%　B 約50%　C 約80%　D 影響しない

Question-2

ある形質に関与する多数の遺伝子を
評価したスコアを「何スコア」という?

A エピジェニック　B フォトジェニック
C ポリジェニック　D ヘアトニック

Question-3

依存症・精神疾患・非行・犯罪のうち
遺伝の影響を受けるのはどれ?

A 依存症　B 精神疾患　C 非行と犯罪　D 全部

▶正解はP.50をチェック

▼P.76の答え▼

Q1 C(→P.53参照)、Q2 A(→P.64参照)、Q3 B(→P.66,67参照)

第4章

もっと面白い遺伝のヒミツ

01 人間とチンパンジーの違いはたったの1.2％？

0.1％の差でもまったくの別人に

アナタの隣にいる人を見てください。顔立ちはもちろん、身長や体型、声など、何もかもが違いますよね？　では、遺伝子レベルで見比べてみるとどうでしょう。自分と他の誰かでそのゲノム（遺伝情報）の違いはわずか0・1％ほどしかないそうです。人間のゲノムは文字に書き起こすと約30億文字といわれていることから、その0・1％にあたる300万文字ほどで顔のつくり、目や髪の色、背の高さ、体質といった個性がデザインされているというわけです。

では、私たち**人類にもっとも近い種といわれるチンパンジーはどうかというと、人間とのゲノムの違いはわずか1・2％ほどしかありません。**数値的には「ほぼ誤差」のレベルに感じられますが、赤の他人と0・1％しか違わないことを考えれば、かなり大きな差があるともいえそうです。ちなみに同じ基準で他の動植物とも比較してみると、人間と犬では約6％、猫は約10％、バナナとは約40％ほどの違いがあります。もっともこれらの**動植物とは進化の過程も違えば、染色体の数も異なるため、ゲノムの違いがわずかといっても、生物としてまったく別物であることに変わりはありません。**そう考えると互いのDNAが100％一致する例外中の例外、一卵性双生児のきょうだいはとても神秘的でロマンチックな存在に思えてきますね。

わずか数%の違いが種を分けている

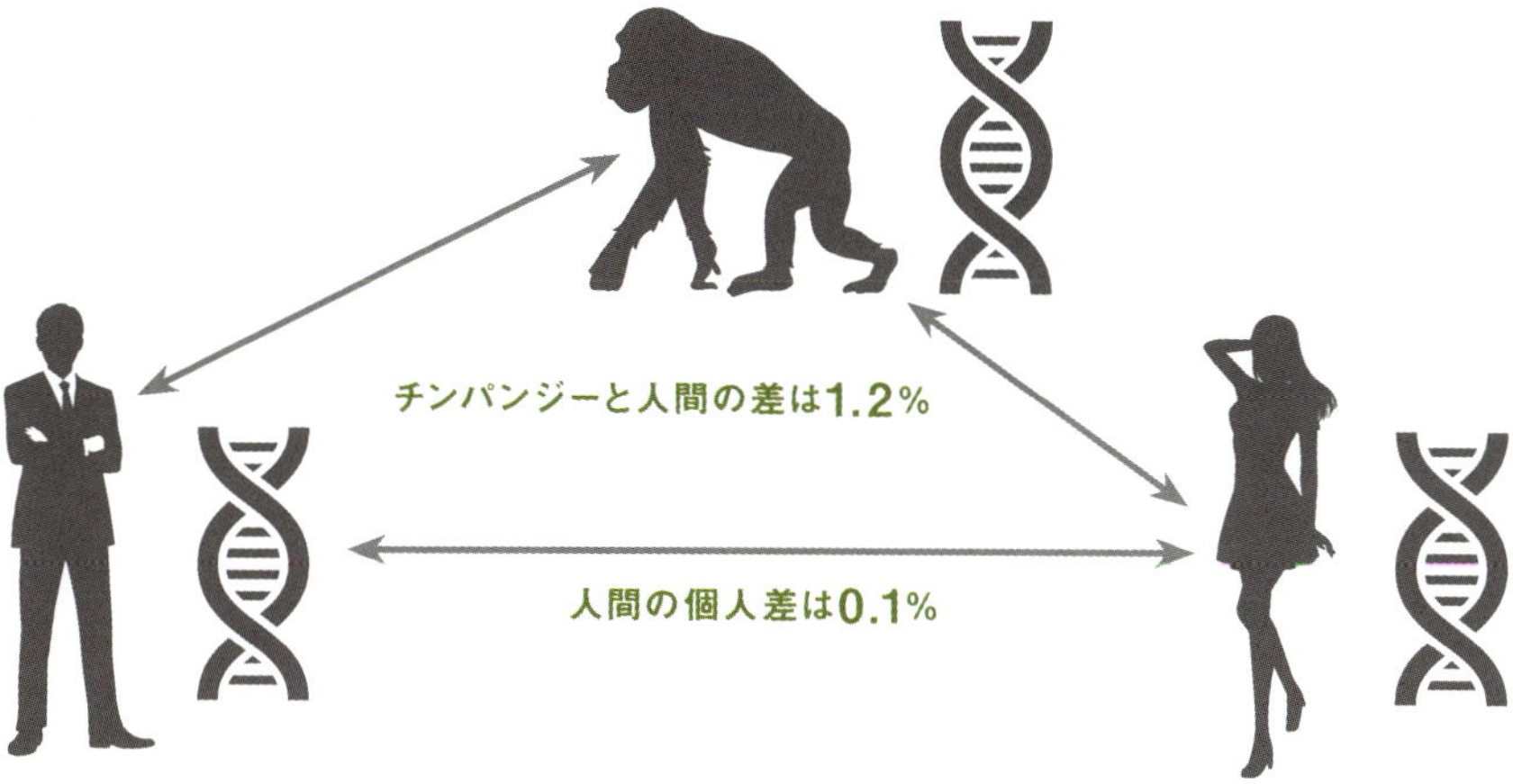

身近な動物、植物も遺伝子のシンクロ率はけっこう高い

一卵性双生児はDNAのシンクロ率100%！

DNAのシンクロ率が100%一致する人間も例外的に存在します。それが一卵性双生児です。ひとつの受精卵から分裂して生まれてくるため、基本的に遺伝子情報は100%同じとなります。

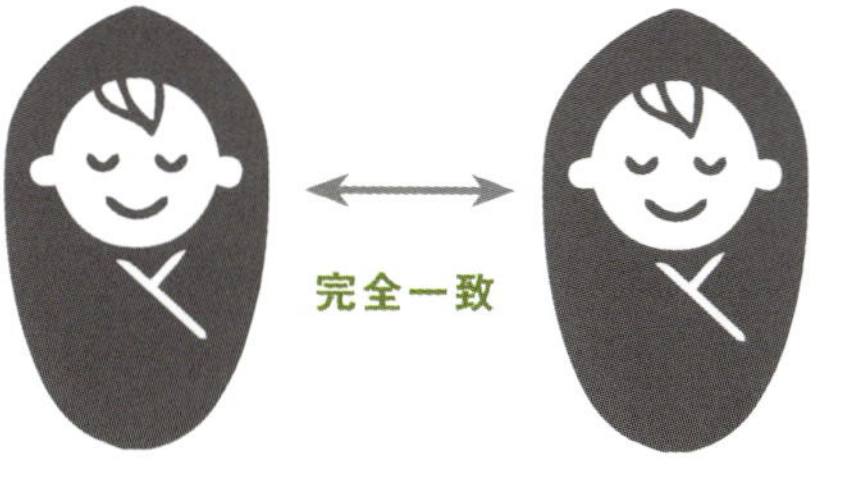

02 息子は母親似、娘は父親似というのは本当か？

子どもが親に似るのは当たり前

昔から子どもが生まれるとよく耳にする会話のひとつに「男の子はママ似」というものがあります。その逆もまた然りで、さも当たり前のように会話に出てくるため、聞いている方も「そう言われればそうかも」と思ってしまいがちです。でも、実際はどうなのでしょうか？

生まれてくる子どもの性別は性染色体の組み合わせによって決まります。ＸＸの場合は女の子に、ＸＹだと男の子になる仕組みです。ここで注目すべきはＸ染色体を両親のどちらからもらうかということ。男の子はＸＹのうち、Ｙ染色体を父親から、Ｘ染色体は母親からもらうことになります。一方、女の子はＸＸなので父親のＹ染色体はもらえず、必然的にＸ染色体を受け継ぐことに。つまり、**男の子のＸ染色体は母親譲り、女の子は片方が父親譲りというわけです。**この部分だけ切り取ってみると「男の子はママ似」説がにわかに本当っぽく思えてきますが、**人間の容姿や顔立ちはＸ染色体とその遺伝子だけで決まるものではありません。他にも多くの遺伝子が影響しているため、「一概にはいえない」というのが実際のところのようです。**

そもそも親子であれば、顔の輪郭や目鼻立ちが似るのは当たり前。加えて、異性の親に似ているという意外性がよりそうした印象を強めてしまうのかもしれません。

必ずしも「男の子はママ似」とは限らない

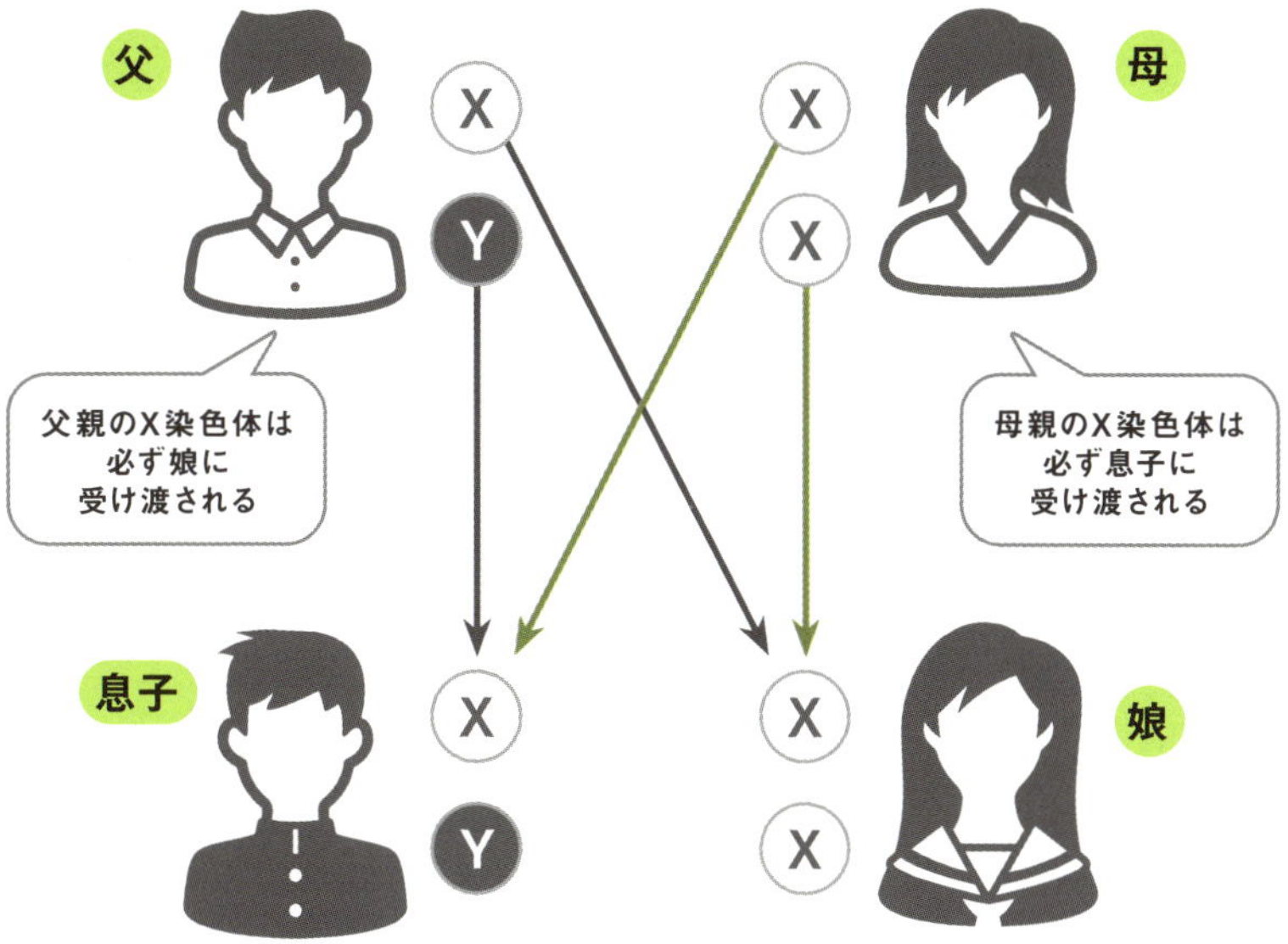

X染色体は必ず父親から娘へ、母親から息子へと受け渡されるため、「息子は母親似、娘は父親似」という説もあながち間違っていないように思えてしまいますが、X染色体だけが顔立ちなどの特徴を決めているわけではありません。科学的には何の根拠もない噂話にすぎないのです。

異性の親子が似ているという「意外性」

娘と母親は同性であるため、顔立ちや雰囲気が似ていても「当たり前」と考えてしまいがち。息子と父親も同様です。しかし、異性の親子が似ていると、その意外性が強く印象に残ってしまうのかもしれません。

ちなみに進化心理学では、父親に自分の子どもであると確信させるため、あえて「パパそっくり」と言葉にする、という解釈もあるのだとか。

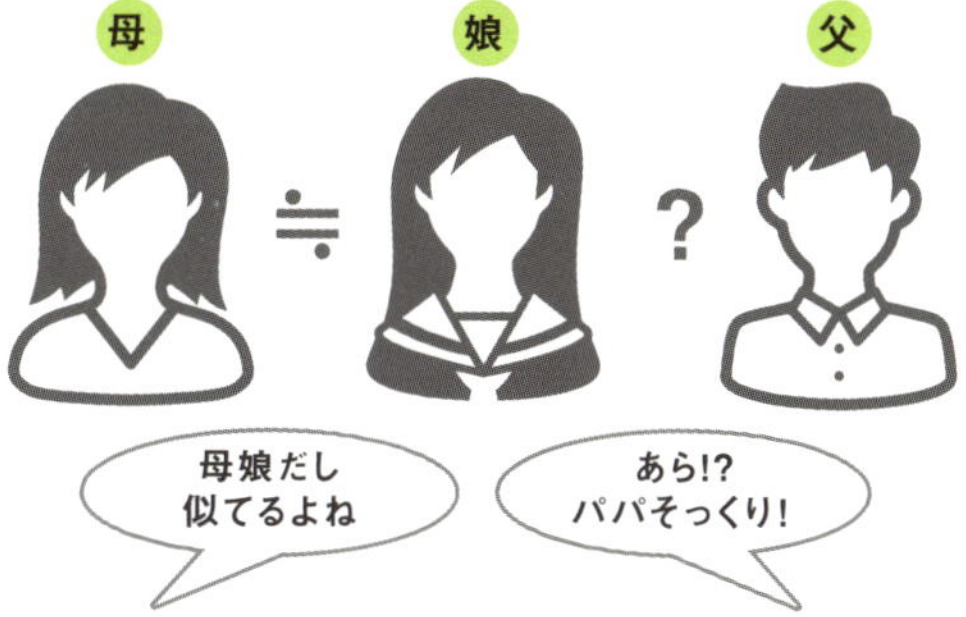

03 三毛猫にオスがいない理由

ランダムなようで法則性がある

日本ではポピュラーな三毛猫。一般的に白色・茶色・黒色の3色の毛色をした日本猫をこう呼びますが、じつは海外ではあまり見かけない毛色です。さらにそのオスとなると日本でも数は少なく、探してもまず見つからないほどのレアな存在なのです。それだけに昔は縁起がいいと珍重され「三毛猫のオスを船に乗せると遭難しない」なんて言い伝えもあるほどでした。

そんな**三毛猫にオスが少ないのは性別を決める性染色体と遺伝子の組み合わせにヒミツがあります。**最初に書いたとおり、三毛猫は白色・茶色・黒色の3色の毛色を持っていますが、このうち茶色を発現させる「O遺伝子」と、黒色を発現させる「B遺伝子」はどちらもX染色体上にしか存在しません。そのため、この2色を併せ持つ個体は性染色体がXXのメスだけ、というわけです。さらに三毛猫になるためには白色を発現させる「W遺伝子」、毛色をまだら模様にする「S遺伝子」も必要。このうちのどれかひとつが足りないだけでも生まれてくる猫は三毛猫にはならないのです。それでも**ごく稀にオスの三毛猫が生まれてくるのは、「クラインフェルター症候群」という染色体異常が原因。性染色体が1本多いXXYとなる病気**で、その発現率はおよそ3万分の1（人間は約500分の1）といわれています。

X染色体の遺伝法則が毛色のヒミツ

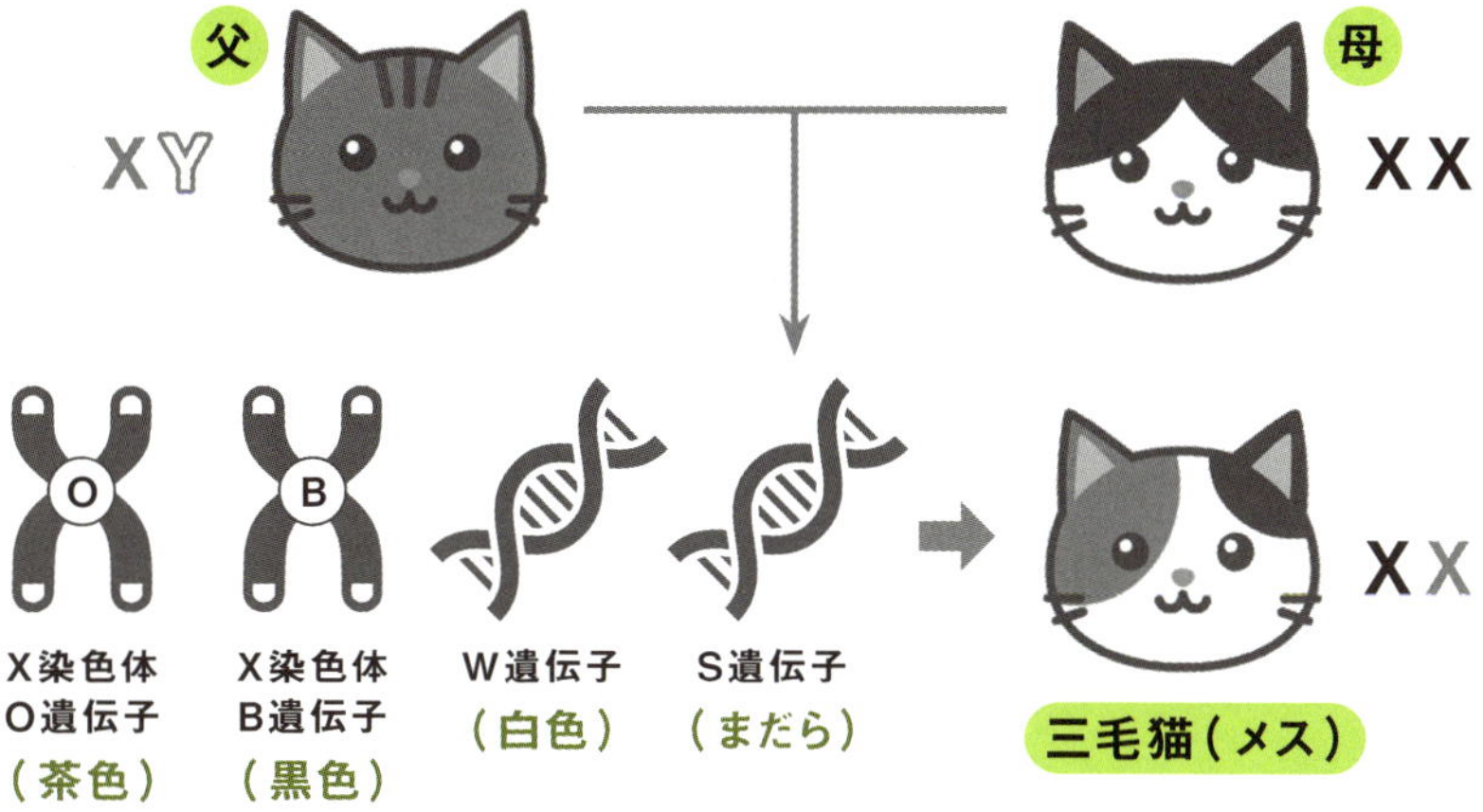

▼上記以外の毛色パターン▼

三毛猫のオスもごく稀に存在する

三毛猫にオスが生まれる原因は、染色体の数が通常より多くなる「クラインフェルター症候群」によるもの。猫の場合は約３万分の１の確率で、人間では500分の１程度とされ、無精子症や学習障害などの症状が見られます。

04 DNA鑑定の精度はどれくらい？

565京人からひとりを識別可能に

映画や刑事ドラマなどですっかりおなじみとなった科学捜査の手法のひとつに「DNA鑑定」があります。事件現場に残された痕跡から被害者や犯人を特定したり、親子の血縁関係を調べたりと、わずかな痕跡で何でも解明する魔法のツールのように描かれることもありますが、実際の精度はどれほどなのでしょうか？

現在、警察が事件捜査で行っている鑑定方法のひとつが「STR型検査法」です。左ページの上図がそのイメージで、**特徴的な塩基配列が繰り返される回数に個人差がある点に着目し、これを染色体上の15部位で比較して識別を行うというもの。その精度は日本人にもっとも多いDNA型の場合でも、約4兆7000億人の中からひとりを識別できるといわれています。**新たな検査試薬によりその精度はさらに向上しており、最近では565京人にひとりの確率で個人の識別が可能だそうです。地球の人口約80億人と比べると4兆7000億人でも585倍、565京人だとなんと7億倍！ 数字の桁が大きすぎていまひとつピンと来ませんが、想像を絶する精度なのは間違いありません。

DNA鑑定の精度向上に伴って民間でもさまざまなサービスが始まっています。食の安全性や人間の健康、資質に関する判定など興味深いものも多く、今後の発展にも注目です。

DNA鑑定（STR型検査法）の仕組み

STR型検査法 ― 特徴的な塩基配列の繰り返しの回数に着目

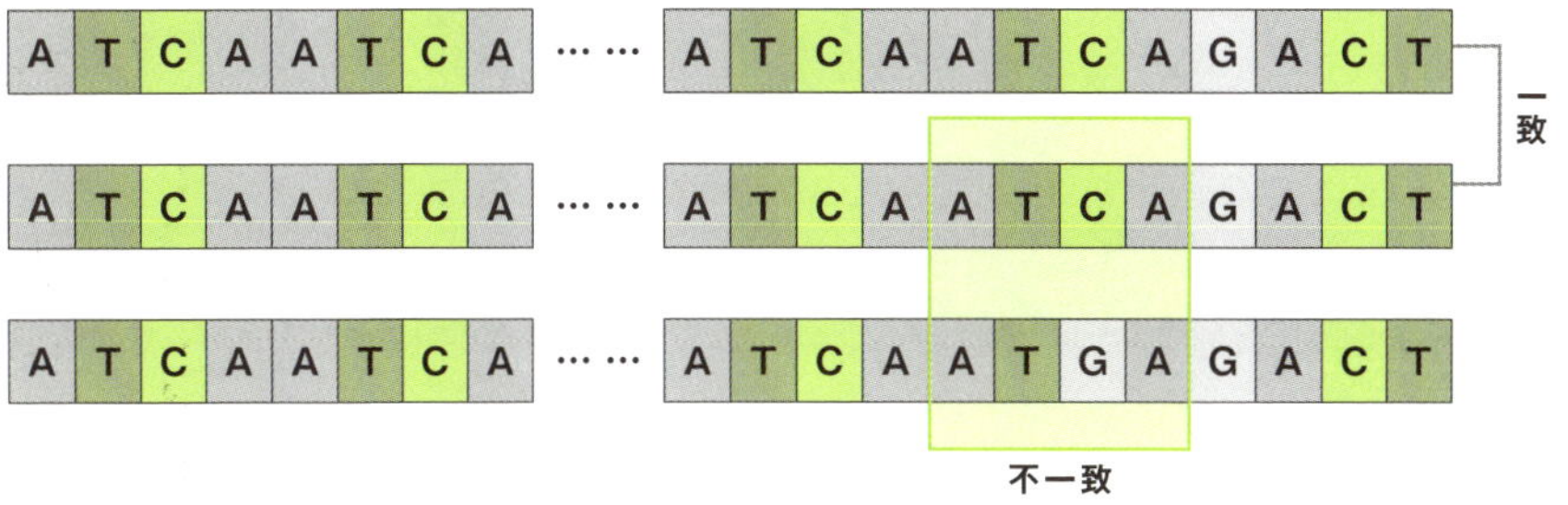

従来は4個1組の塩基配列を基本とし、染色体上の15部位を比較

→ $\dfrac{1人}{4,700,000,000,000人}$ 識別可能でしたが

新たな検査試薬の導入により

→ $\dfrac{1人}{5,650,000,000,000,000,000人}$ までの個人識別が可能に

地球の全人口（約80億人）に換算すると、

×7億個分の人口から1人を特定可能！

犯罪捜査以外にも可能性は無限大

DNA鑑定を用いた民間サービスも増えてきており、親子・きょうだい間の血縁関係の確認やスポーツなどの適性・資質判定、食品の安全性検査などにも活用されています。

05 異なるゲノムが混ざり合った「キメラ生物」は実在する？

自然の摂理から外れた生物たち

「キメラ」といったら『ドラゴンクエスト』シリーズに登場する、あのモンスターを思い浮かべる人も多いかもしれません。ある意味、それも間違いではないのですが、その原点ともいうべき存在がギリシア神話に登場する架空の怪物「キマイラ」です。ヤギの胴体にライオンの頭、尻尾は大蛇という異形をしていたことから、のちにその名は生物学において「複数の生物の特徴を併せ持つ」という意味を持つ「キメラ」の語源になったといわれています。ですが、実際にそんな生物は存在するのでしょうか？

神話のキマイラとはだいぶイメージが違いますが、種として近い動物同士を交配させ、いわゆるキメラ生物（＝雑種）をつくり出すという試みは世界中で長年にわたって行われてきました。その成功例のひとつとされているのがラバです。**ロバとウマの交雑種であるラバは、非常にタフで強い脚力と蹄を持ち、賢く経済的でもあったことから、主に南北アメリカや中国などで優秀な荷役として重宝されてきました。**

一方で交雑によって生まれた生物の中には、先天的な心疾患や骨の発育障害、不妊などの問題を抱えた個体も多く、次第に交雑自体が倫理的に疑問視されるようになっていきました。そのため**現在では研究目的以外での交雑、およびその飼育はほぼ行われていません。**

キメラの語源はギリシア神話の怪物

生物学における「キメラ」の語源となったのはギリシア神話『イーリアス』に登場する架空の怪物「キマイラ（Chimaera）」です。ヤギの胴体にライオンの頭、尻尾は大蛇という姿をしており、口から火炎を吐く魔獣として描かれています。その異形から「異質なものの合体」という意味で「キメラ（生物）」という言葉が生まれたといわれています。

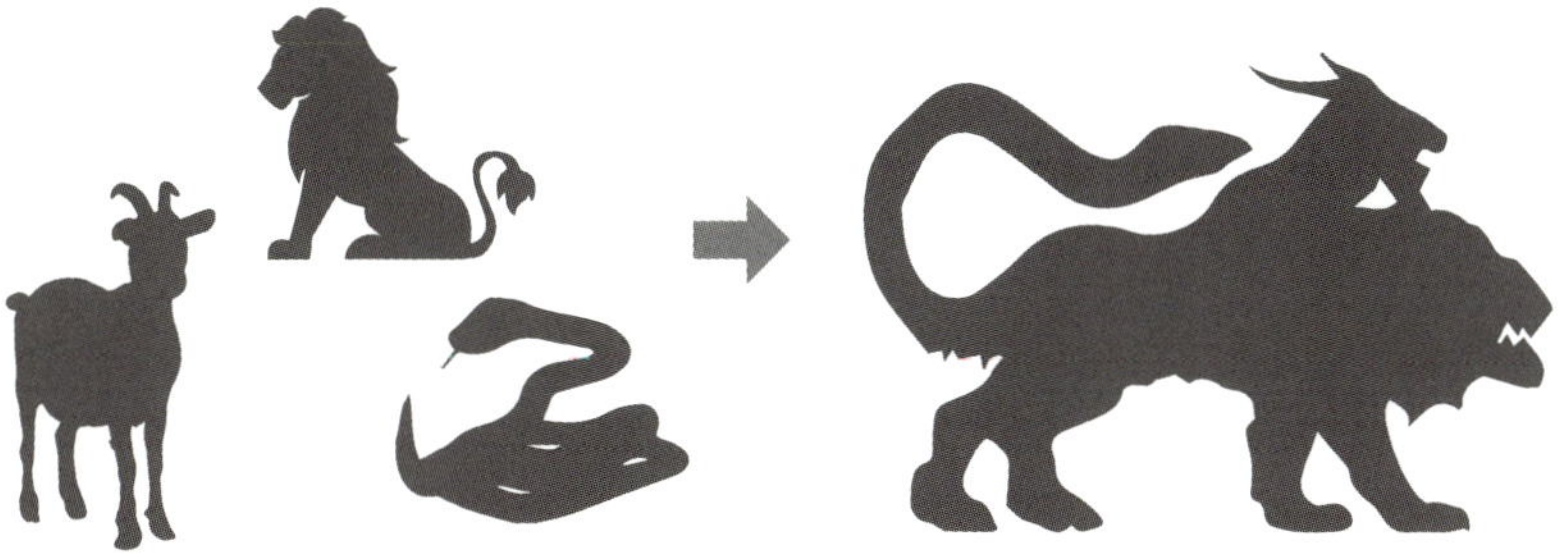

交雑により生み出されたキメラ生物（雑種）たち

かつては交雑により新たな生物をつくり出す試みが積極的に行われていましたが、生殖能力の欠如、先天性の疾患など問題点も多く、次第にこうした試みは行われなくなりました。一方、ラバは優れた荷役として今でも一部の地域で活用されています。

レオポン
父 ヒョウ × 母 ライオン

体型はヒョウだが、顔はライオン似。生殖能力が低く、繁殖はできなかった。

ライガー
父 ライオン × 母 トラ

ライオンに似た姿で淡い縞がある。生殖能力なし。先天的な疾患が多く短命。

ラバ
父 ロバ × 母 ウマ

両親の優れた形質を受け継ぐ雑種強勢の代表例。頭がよく荷役としても優秀。

06 同じ人間のコピー（クローン）をつくることはできる？

技術的につくることはできるが……

SF作品では比較的ポピュラーな存在として登場することの多い「クローン」。一昔前はそれこそ空想世界の技術でしたが、1996年にイギリスで世界初となる体細胞を使ったクローン羊の「ドリー」が誕生したことにより、空想は一気に現実のものとなったのです。「ドリー」の登場からまもなく30年を迎える今、クローン技術はどこまで進歩しているのでしょうか？

じつはドリーが生まれる以前にもクローン技術によって誕生した生物は存在しました。こちらは「受精卵クローン」と呼ばれる技術で、受精卵を分割して人工的にふたごや三つ子を作り出す方法です。羊や牛といった家畜に対しても用いられています。一方、ドリーを生み出した「体細胞クローン技術」は、受精卵の代わりに体細胞を使い、**細胞の持ち主である個体とまったく同じ遺伝子を持つクローンをつくり出す技術です。**理論上は無限に複製が可能であり、絶滅動物や絶滅危惧種の復活、保存などにも応用できると期待されています。

2018年、中国で霊長類初となるカニクイザルのクローンが誕生しました。技術的には人間への適用も不可能ではないという声も多く聞かれますが、日本を含む先進各国は体細胞クローン技術の人への適用については倫理的な問題も含め、まだまだ慎重なようです。

体細胞クローン技術によるクローン体のつくり方

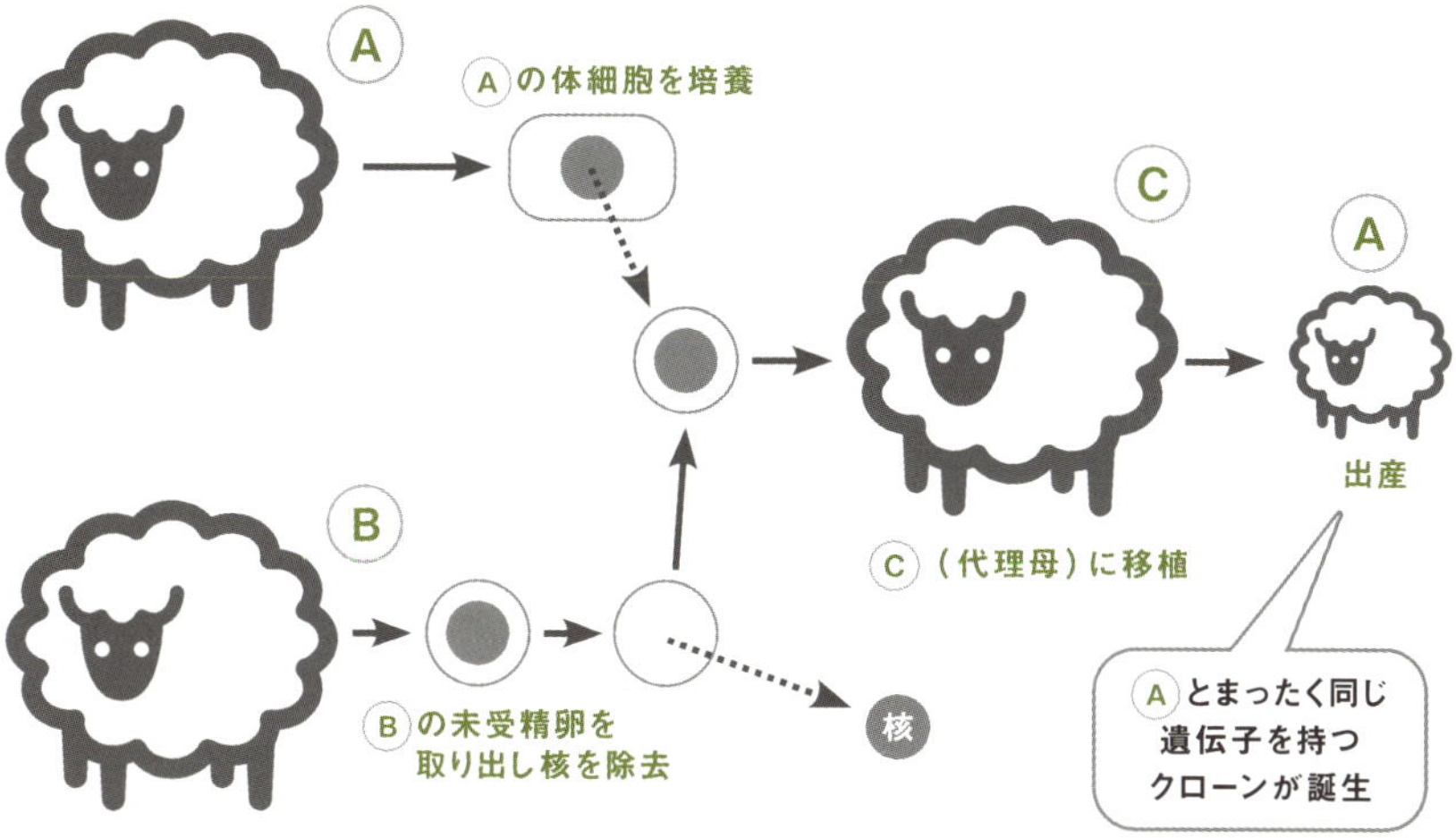

この技術を用いて1996年にイギリスで世界初のクローン羊の「ドリー」が誕生しました。その後、牛や豚、犬などでも同様のクローンが生み出され、2018年には霊長類初となるカニクイザルのクローンが中国で誕生しています。

●クローン技術の人間への適用に関する各国の状況

国	規制の状況
日本	クローン技術規制法に基づき、人クローン胚は特定胚指針で規制。クローン人間の産生は禁止
アメリカ	ヒト胚の取扱いに関する連邦法は存在しないが、関連研究の公的助成は認めていない。1997年、クローン人間産生禁止法案が下院で可決
イギリス	人クローン胚を含むヒト胚の研究は目的を限定した国家機関（HFEA）による許可制。クローン人間の産生は禁止
フランス	現行法で人クローン胚の研究、およびクローン人間の産生を禁止
ドイツ	人クローン胚の研究、クローン人間の産生ともに禁止
ロシア	人クローン胚の輸出入を禁止。クローン人間の産生は2002年に制定された人クローニング一時禁止法によって5年間禁止

出典：文部科学省「ヒトに関するクローン技術等の規制に関する法律」解説資料（令和６年６月一部改訂）

07 どこかで聞いたことがある!?珍名・奇名の遺伝子たち

遺伝子の世界のキラキラネーム

遺伝子の名前といってもあまりピンときませんよね。なんとなくアルファベットと数字の羅列のようにイメージしがちですが、意外とそうでもないんです。全力でウケを狙いにいった結果か、それとも大真面目に考えた末の暴走かはわかりませんが、思わず笑ってしまうような珍名・奇名の遺伝子がたくさんあります。ここではその一部を紹介していきましょう。

最初に挙げるのは「サウザー遺伝子」です。人気漫画『北斗の拳』に登場する人物・聖帝サウザーにちなんで名付けられました。理由は**この遺伝子が内臓逆位（内臓の位置が左右逆になる先天的な奇形）に関連**しており、劇中でのサウザーの設定と同じだったから。これを発見した研究者は「お前の身体の謎、見切ったぞ！」と言ったとか、言わなかったとか。

超人気ゲームのキャラクター名をほぼパクったようなネーミングの遺伝子も存在します。それが「ピカチュリン遺伝子」と「ソニックヘッジホッグ遺伝子」です。**前者は動体視力に関する遺伝子で、後者は全身にトゲがあるショウジョウバエの突然変異に関する遺伝子です。**他にも名前の候補はいくらでもあったように思えますが、発見した研究者はその瞬間、すばやく駆け回る黄色いネズミや青いハリネズミのシルエットが脳内を駆け巡ったに違いありません。

人気の漫画やゲームから名付けられた遺伝子たち

トゲトゲがある……
ハリネズミ？
ヘッジホッグか……

●珍名・奇名遺伝子はまだまだ他にも

名称	理由
サトリ遺伝子（satori）	メスの求愛に無関心なオスのショウジョウバエに見つかった遺伝子。「悟り」を開いた僧侶のようだと名付けられたが、実際は性同一性障害（性別違和）に関連するものだったとか
死の接吻遺伝子（kiss of death）	植物のプログラム細胞死を司る遺伝子。有害、あるいは不要となった細胞を自殺（自壊）に導く役割を持つことから、死を宣告する意味で「死の接吻」「死神のキス」と名付けられた
ヨーダ遺伝子（YODA）	シロイヌナズナという植物の変異体から発見。背丈が低く、葉が小さく縮れた様子が『スター・ウォーズ』の老いたジェダイ・マスターに似ていたことからヨーダと名付けられた
暴走族遺伝子（bozozok）	ゼブラフィッシュの変異体で発見された稚魚の背骨の発達に関連する遺伝子。英字表記は「bozozok」だが、「バイクに乗る傍若無人な少年」の注釈から「暴走族」の意味だとわかる
マッチョ遺伝子（macho-1）	ホヤ（マボヤ）の筋肉細胞に関連する遺伝子。日本では筋骨隆々な人を「マッチョ」と呼ぶことからこの名がついたかと思いきや、じつは「マボヤのちょーおもしろい遺伝子」の略称らしい
暑がり遺伝子（atsugari）	ショウジョウバエの研究でより涼しい場所を好む変異体に対してつけられた名前。逆に暖かい場所を好む変異体には「寒がり（samugari）」という名前がつけられている

08 ソメイヨシノはもっとも身近なクローン植物

接ぎ木や挿し木で広まった園芸桜

春のお花見でおなじみの桜ソメイヨシノは、じつは人工的につくられたクローン植物ということをご存じでしょうか？　見事なまでに綺麗に咲きほこっている光景をよく目にすることと思いますが、それは**すべてのソメイヨシノが同じ遺伝子を持ったクローン植物**だからなのです。

もともとソメイヨシノは、江戸時代後期にエドヒガンとオオシマザクラをかけ合わせてつくられたのが始まりとされています。そして明治初期にかけて、染井村（現在の東京都豊島区）から園芸用として広まったことで、その地名と桜の名所吉野（奈良県）にちなんで「ソメイヨシノ」と名付けられました。その中でも綺麗な桜を接ぎ木や挿し木（次のページを参照）によって増やしていったため、すべてのソメイヨシノが同じ遺伝子を持つ木として育ったのです。

なお、**桜は自身の花粉では受精できない「自家不和合性」という性質を持っている**ため、繁殖には他の個体の花粉が必要になります。しかし、ソメイヨシノは他の個体もすべて自身と同じ遺伝子を持っていることから、その花粉でも受精できません。そんな理由で、**接ぎ木や挿し木によって人工的に増やしていくしかないのです。**この方法だと免疫に多様性が生まれないため、ひとつの疫病などによって全滅する可能性があるというリスクもはらんでいます。

ソメイヨシノの誕生と日本全国への広がり

ソメイヨシノの誕生

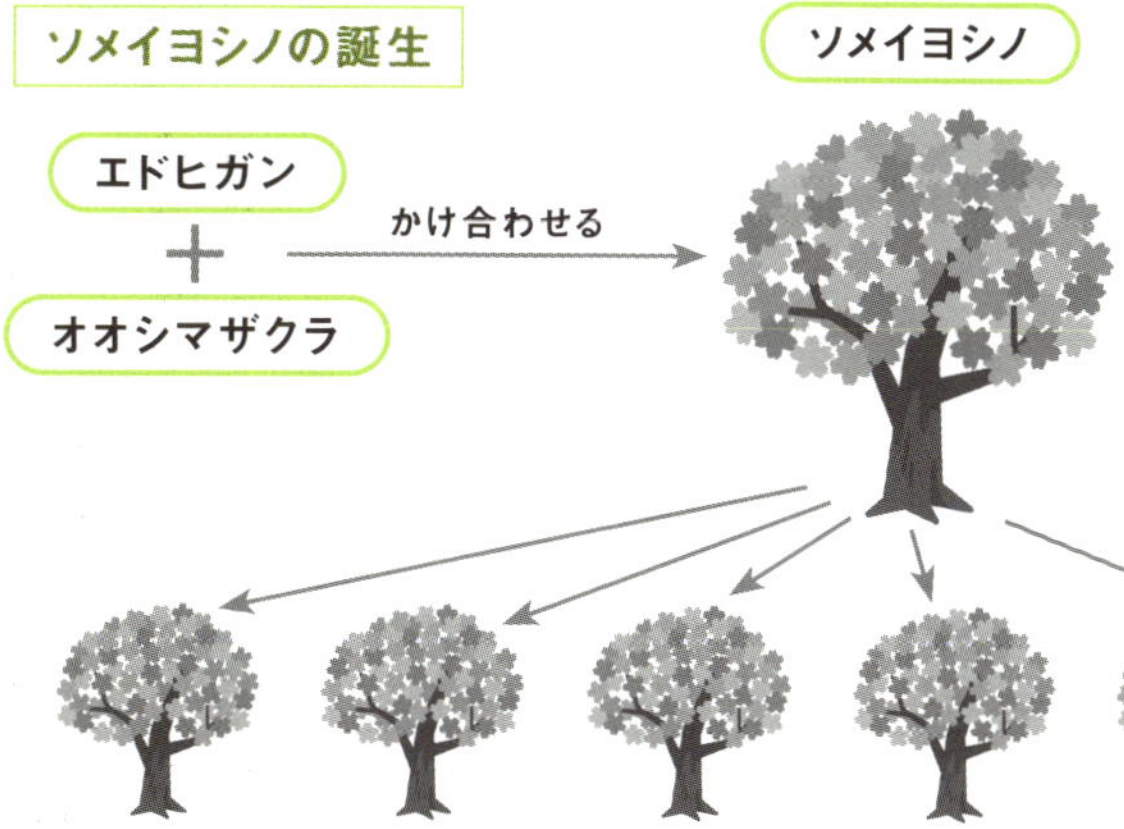

エドヒガンとオオシマザクラのいいとこどりをした美しい桜

発祥の地「染井」と桜の名所「吉野」から命名された。江戸時代後期につくられたとされる。

なかでも美しい一本が接ぎ木や挿し木で複製され、明治時代に日本全国に広まった。

ソメイヨシノの増やし方

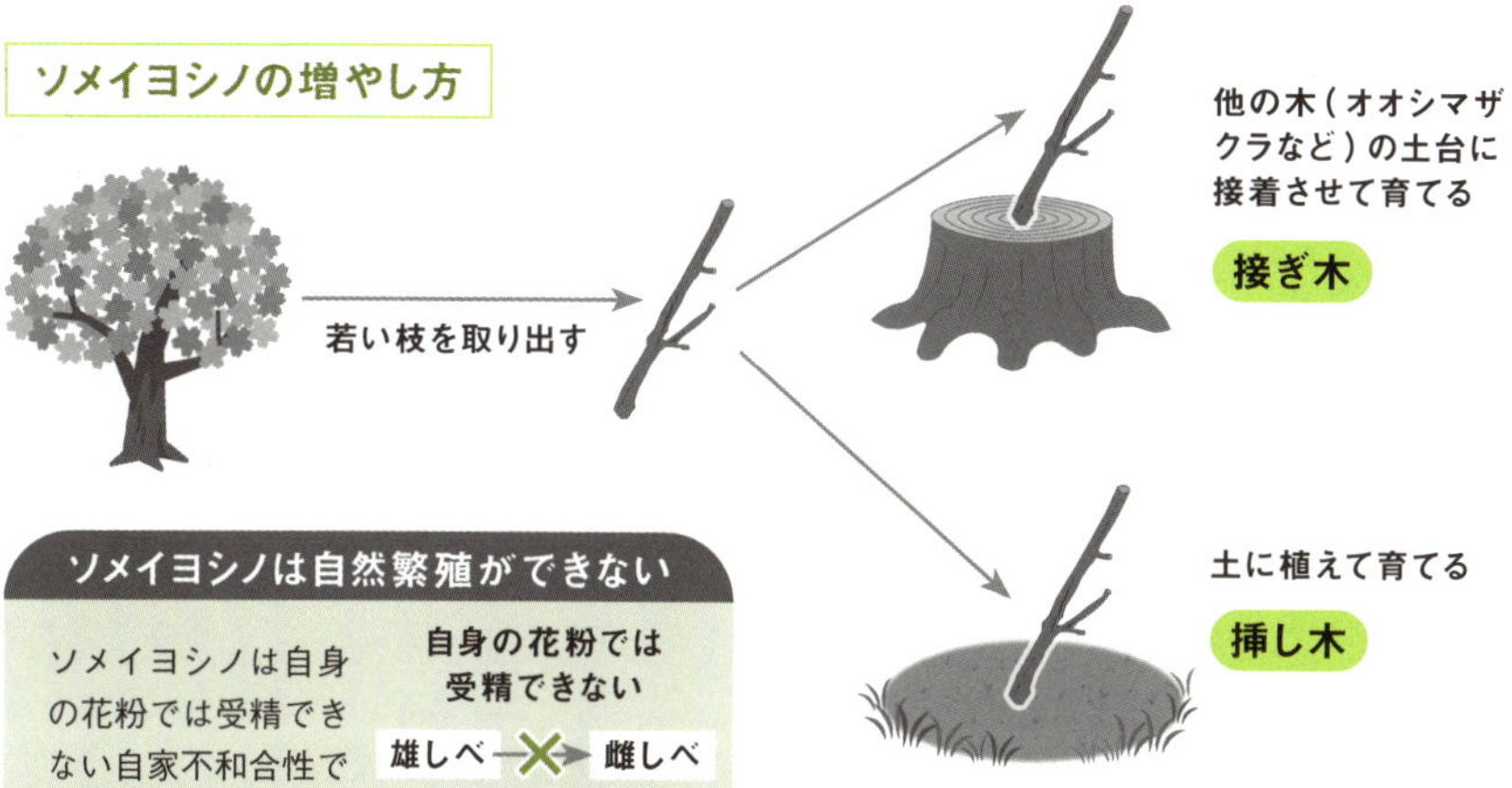

元の木と遺伝子的にまったく同じ木に育つ（＝クローン）

接ぎ木や挿し木によって新たに育った木は、いってみればもとの木の分身。遺伝子的にまったく同じクローンです。こうしてソメイヨシノは全国に広まっていきました。

ソメイヨシノは自然繁殖ができない

ソメイヨシノは自身の花粉では受精できない自家不和合性です。他の木もすべてクローンでその花粉も無効のため、自然繁殖ができません。

他の木も同じ遺伝子のため自身と同じ扱いになる

ソメイヨシノは受精できない！

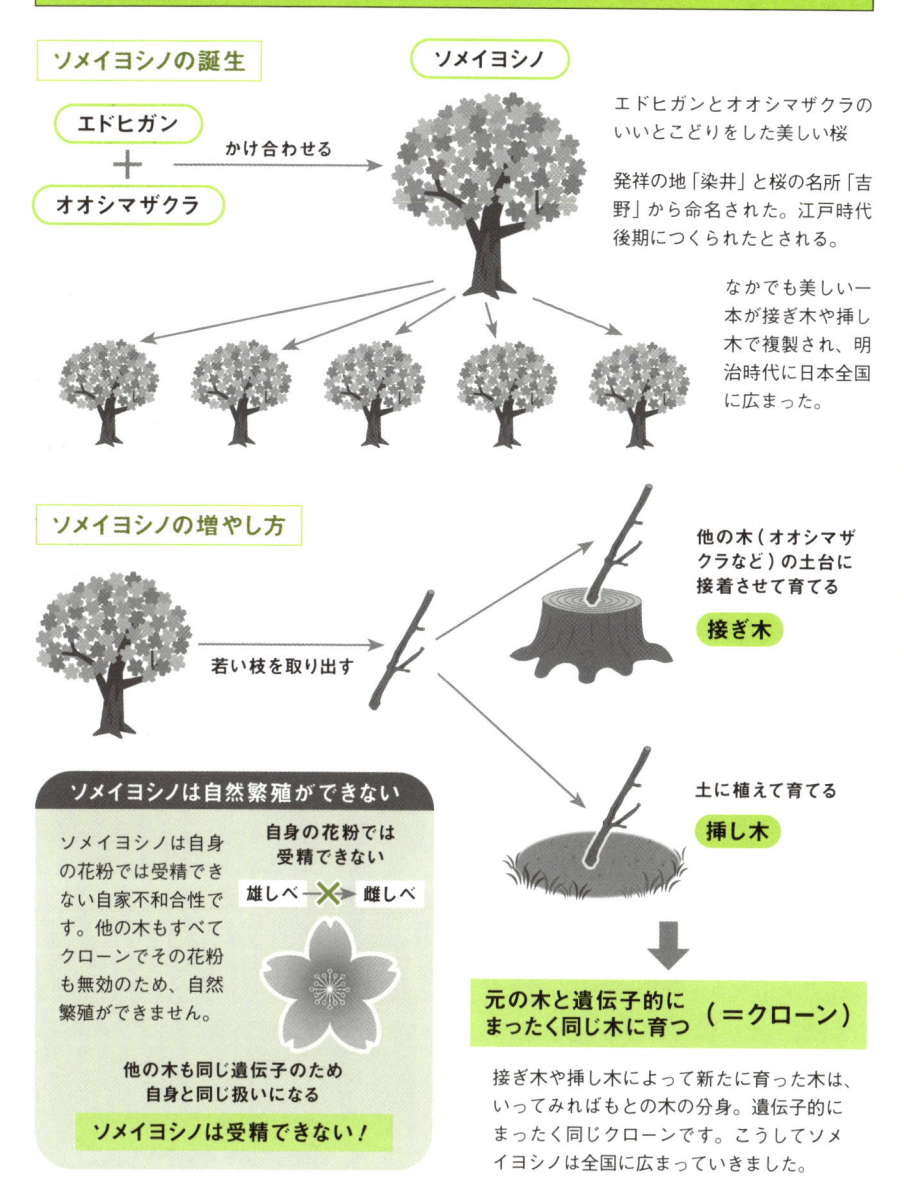

09 ミツバチのオスは皆、父親がいない!?

オスは母単独から生まれる

父と母から遺伝子を受け継いで子が生まれる、というのは人間では当たり前ですが、世の中そういう生き物ばかりではありません。たとえばミツバチに関しては、メスは父と母が交尾して生まれるものの、オスは交尾を経ずに母単独から生まれます。つまり、**ミツバチのオスには母親しかおらず、父親がいないのです。**

ミツバチは、1匹の女王蜂（メス）を中心として、それを取り巻くたくさんの働き蜂（メス）と、繁殖のためにわずかに存在する雄蜂（オス）という群れで生息しています。そして、女王蜂1匹がすべての子を産みます。このとき、雄蜂と交尾してできた卵からはメスが、交尾せずにできた卵からはオスが生まれます。卵の段階で、子がオスかメスか決まっているのです。

このような生まれ方の違いから、オスとメスとでは染色体の数も違います。メスは父と母から1本ずつ染色体を受け継ぎますが、オスは母からの1本だけしか受け継ぎません。**メスが32本の染色体を持っているのに対し、オスはその半分の16本しか持っていないのです。**

ちなみに、雄蜂は群れの中では繁殖だけが役目で、蜜を運んだり巣をつくったりといったはたらきはいっさいしません。そして、交尾相手の女王蜂を探すために目が大きく発達し、メスの蜂とは大きく異なった外見をしています。

ミツバチのオスとメスの違い

ミツバチのオスとメス

メス
- **女王蜂**　群れの中に1匹だけ存在するボス的存在。繁殖が役目で、すべての子をこの女王蜂が産む。
- **働き蜂**　群れの9割以上はこの蜂。蜜や花粉を運んだり、巣の手入れや仲間の蜂の世話をしたりする。

オス
- **雄蜂**　群れの中にごくわずかに存在する。女王蜂との交尾のみが役目で、それが済むと死んでいく。

ミツバチには女王蜂（メス）、働き蜂（メス）、雄蜂（オス）の3種類がいます。群れの中に女王蜂は1匹だけで、ほとんどは働き蜂、ごく一部に雄蜂がいるという構成です。子はすべて女王蜂が産み、雄蜂はその交尾相手となるのが役目です。

オスとメスは生まれ方が違う

女王蜂

雄蜂と交尾して卵を産む ➡ **メスが生まれる**

交尾せず単独で卵を産む ➡ **オスが生まれる**

⬇

父親がいない！

オスとメスの染色体の違い

オス……16本
メス……32本

上記のように、ミツバチのメスは父と母が交尾して生まれますが、オスは交尾なしに母単独から生まれます。そのため、メスは父と母からそれぞれ染色体を1本ずつ受け継ぐのに対し、オスは母から染色体を1本もらうのみと、染色体の数もメスとオスとで2倍の違いがあります。

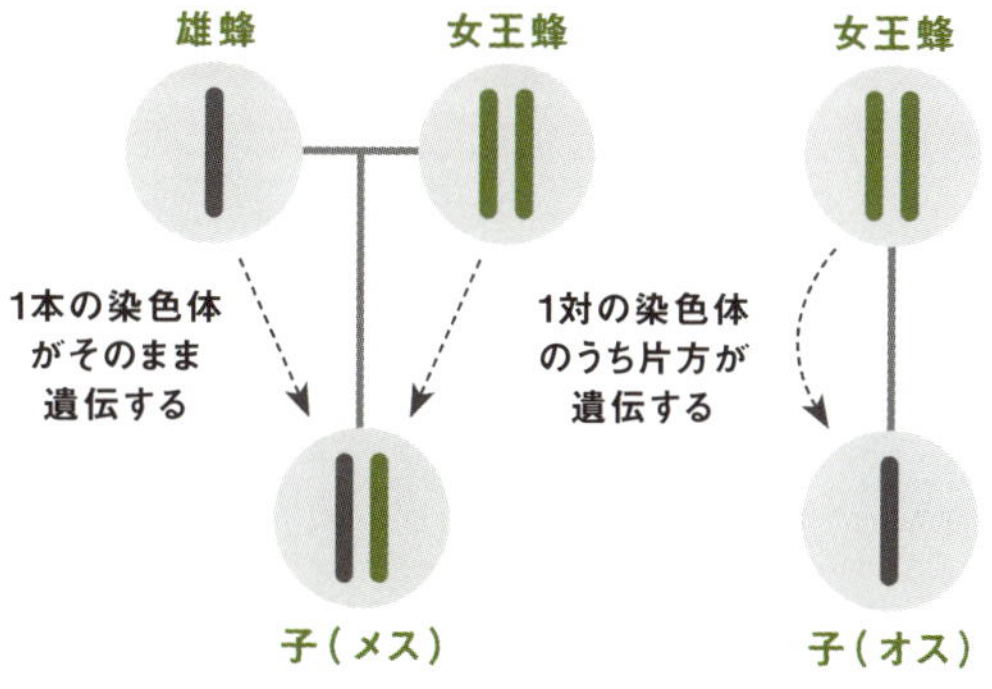

10 最新の遺伝子検査でこんなことまでわかる！

検査キットで手軽に検査も可能

私たちが両親から受け継いだ遺伝子は、体や心、行動までさまざまなところに影響を与えています。どの遺伝子があるとどんな影響があるのか。最近では技術も研究も進み、膨大な遺伝子を解析してある程度の傾向を導き出せるようになってきました。それと同時に検査の費用も下がり、手軽に検査キットを買って自宅でいつでも検査できる時代になってきています。

この遺伝子検査キットは各社からいろいろな商品が出ており、300項目以上の検査ができるものも珍しくありません。その**検査項目は、かかりやすい病気などの健康リスクから体質、****体格、能力、依存症、性格など多岐にわたります。**もう、自分の中のすべてを〝見える化〟するる解析ツールと呼んでもいいほどですね。

ただ注意したいのは、この診断は「こういう遺伝子を持つ人にこういうタイプが多い」という相関関係をデータベース化したものであり、必ずそうなるという因果関係を示すものではないということです。**たとえば「ある病気にかかりやすい」という診断が出たとしても、多くの人にそういう傾向があるというだけで、あなたがその病気にかかりやすいとは限らないのです。**あくまでも一般的な傾向としてとらえつつ、長所ならより伸ばし、短所なら対策するといった参考にするのが賢明かと思います。

遺伝子検査とは？

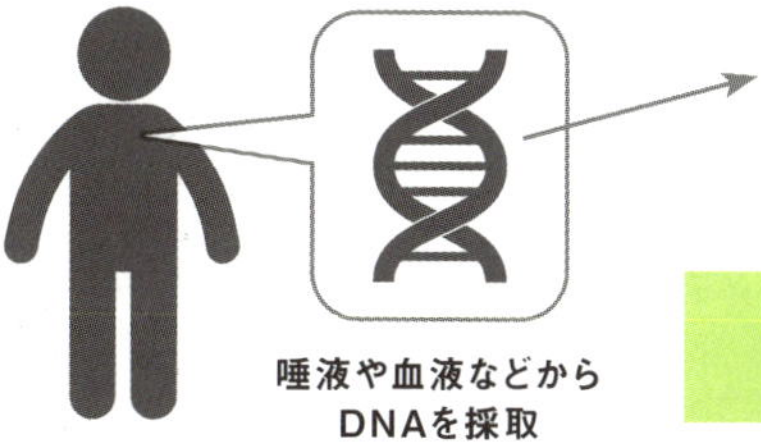

唾液や血液などから
DNAを採取

SNP（個人間で塩基が異なる部分）
※合計300万ヵ所以上あるとされる

この部分を解析することで、体質や体格などの傾向を知ることができる

遺伝子検査とは、DNAの中のSNPを調べ、そこの遺伝子によって個人ごとの特徴をつかむもの。人の中にSNPは300万ヵ所以上あるとされ、それを膨大な人数分データベース化したものを参考に、その人の体質や性格などの傾向を導き出す仕組みです。

遺伝子検査でわかることの例

健康リスク

心筋梗塞や糖尿病、各種がん、喘息など

体質

太りやすさや体格、運動習慣、肌質など

能力

記憶力や聴力、計算速度、運動能力など

嗜好や依存

アルコールやニコチン依存、食の好みなど

性格

忍耐力や好奇心、同調性、勤勉性など

遺伝子検査では、上記のように健康リスクや体質、能力などたくさんの項目を診断できます。市販の検査キットの中には、これらを網羅した総合タイプのものから、「健康リスク専用」など特定の項目に絞った安価なものまで、いろいろな種類があります。

遺伝子検査は手軽にできる

検査キットを購入

唾液などを採取してメーカーへ郵送

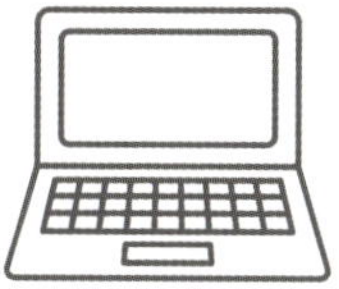

専用サイトなどで検査結果を確認できる

市販の遺伝子検査キットを使えば、自宅で手軽に検査ができます。手順はおおむね左記のとおり。診断結果はwebで確認できたり郵送してもらえたりと、さまざまです。

11 容姿が優れていれば3600万円お得!?

容姿によって収入に差が表われる

顔立ちは遺伝が影響する部分のひとつです。親子で顔がよく似た例を見たことがあるでしょう。**この顔立ちのよし悪しが、じつは収入を左右しているという研究があります。**労働経済学者のダニエル・S・ハマーメッシュ氏が20年かけて解明し、著書『美貌格差　生まれつき不平等の経済学』の中で紹介している研究です。

この研究では、女性の被験者を容姿で5段階評価し、それぞれ収入との関係を調べています。その結果、**評価が平均（3点）の女性を基準として、評価の高い（4〜5点）女性は収入が8％多く、逆に評価の低い（1〜2点）女性は収入が4％低いという傾向が表われたそうです。**本来、人を外見で判断するのはルッキズムとしてタブー視されていますが、そのタブーに踏み込んだところ、明確な格差が見られたわけです。

さらに、成蹊大学の小林盾教授の著書『美容資本』でも、容姿がいい人ほど年収や地位が高くなるという研究結果が紹介されています。ただし、**容姿の評価は生まれつきだけで決まるのではなく、美容にどれだけ時間やお金を投資したかが大きく影響すると述べられています。**生まれつき美人かどうかより、その後の努力のほうが大事というわけですね。容姿は遺伝だからとあきらめることなく、美しくなりたければ美容に力を入れるのがいいといえそうです。

容姿によって年収が変わる！

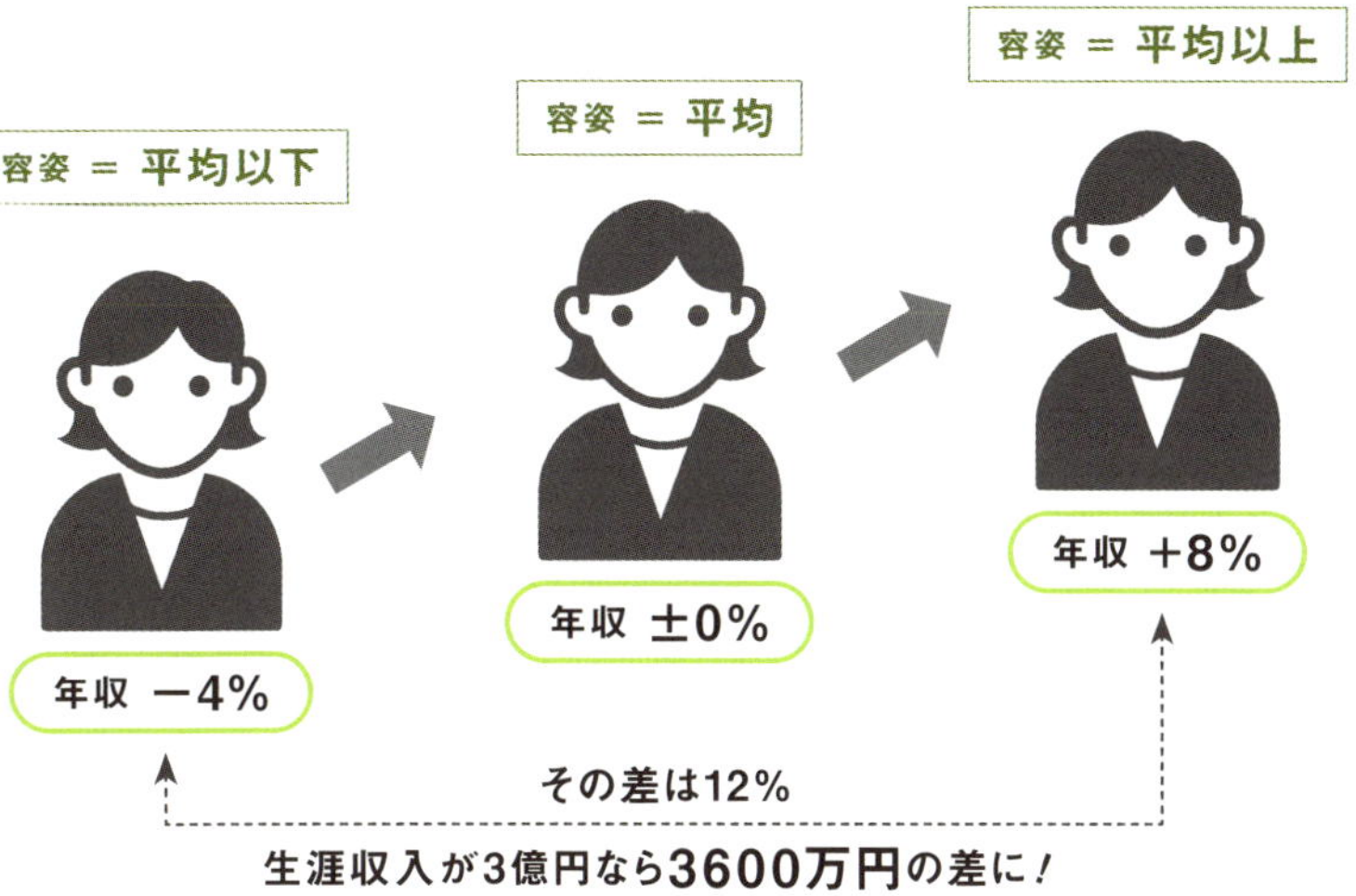

『美貌格差 生まれつき不平等の経済学』（ダニエル・S・ハマーメッシュ著）の調査結果より

被験者を容姿で評価分けし、収入との関係を調べたところ、上記のような差が出たという研究報告があります。容姿の評価が高い人と低い人との差は12％。生涯収入を3億円と仮定すると、収入差はじつに3600万円にもなる計算です。

容姿は遺伝する？

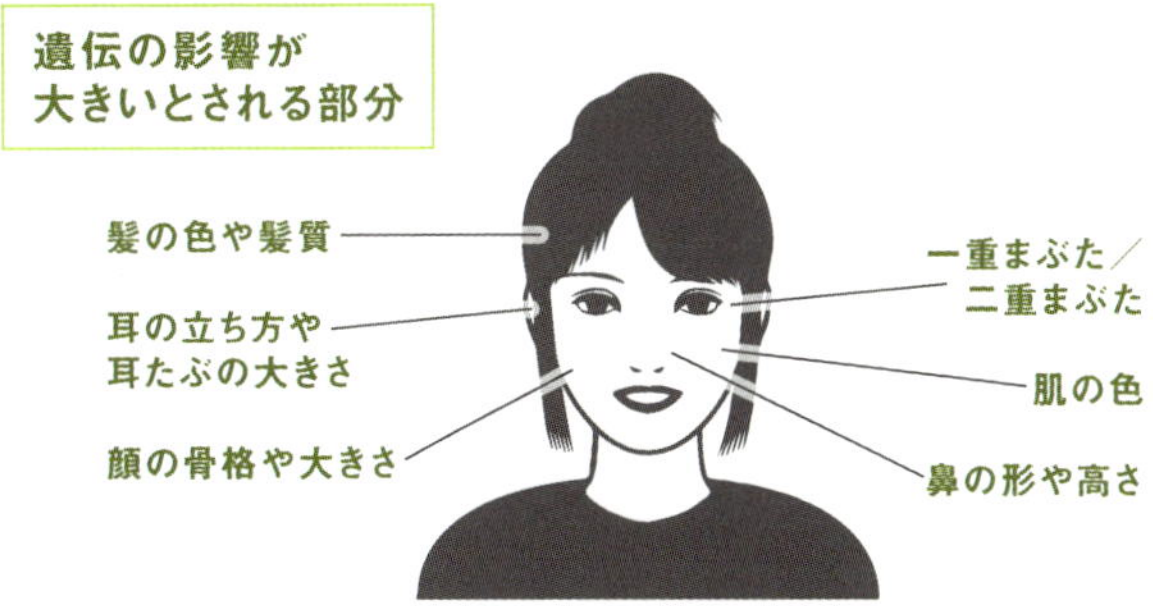

顔立ちは、とくに左記の箇所が遺伝の影響を受けやすいとされます。ただし、美しいと評価されるには美容への投資も大事。本人の努力次第で変わってくるといえます。

顔立ちには遺伝の影響が確かにあるが、綺麗に見せられるかどうかは本人次第

12 生涯収入と遺伝の意外な関係性

年齢とともに遺伝の影響が増大

容姿に限らず、遺伝的な要素が収入に影響している、とする研究もあります。九州大学の山形伸二准教授（現名古屋大学准教授）と慶應義塾大学の中室牧子教授らの研究によれば、**遺伝は最大で60％も収入に影響を及ぼしているそうです。**しかも興味深いことに、この影響度は年齢とともにだんだん上がっていくのです。

若いうちは遺伝の影響は25％程度で、この時点では共有環境の影響が70％近くと、家柄や生育環境がものをいいます。恵まれた家庭ほどいい就職先を獲得しやすいというイメージでしょう。しかし、年齢が上がるにつれて共有環境はなりを潜め、逆に遺伝的素質が表に出てきます。そして**40代に入ると遺伝の影響が60％ほどに達し、共有環境の影響はほぼゼロになるのです。**最初は環境の力でいい会社に入れても、その先は自分自身の力が問われるというわけですね。

ただ、このような傾向が見られたのは男性だけで、女性に関しては年齢を問わず遺伝の影響はほとんどなかったそうです。これは、仕事をしている女性もしていない女性もすべて含めて研究対象としたためでしょう。女性は結婚や出産などによって仕事をやめたり、勤務時間を抑えたりするケースがあります。そのために、遺伝的な素質を十分に発揮できず、収入に反映されていないのが原因と考えられます。

収入への遺伝と環境の影響

遺伝や環境が収入にどう影響するのか、年齢による推移をまとめたのが右のグラフです。若いうちは共有環境が大きく影響していたのが、年齢とともに遺伝的素質がものをいうようになり、共有環境の影響はゼロ付近にまで落ちます。

- **若いうちは共有環境が大きく影響**
- **年齢が上がるにつれて遺伝の影響が大きくなる（43歳くらいがピーク）**
- **共有環境はやがてほとんど影響しなくなる**

●日本人男性を対象とした遺伝と環境の影響度

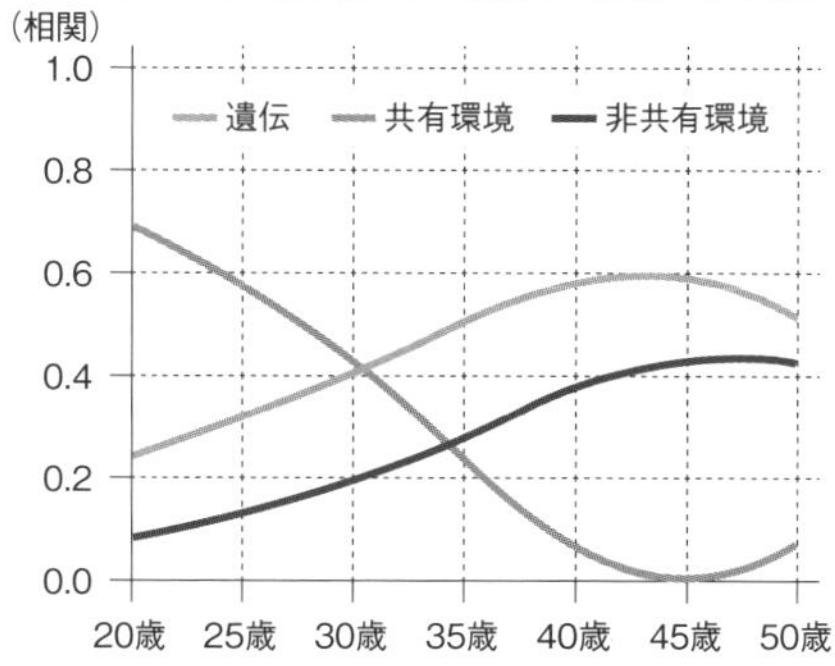

※山形・中室教授らの研究より抜粋

外国の研究でも同様の傾向が

アメリカやスウェーデンでも、遺伝や環境と収入の関係を調べた研究があります。こちらでも遺伝の影響は大きいですが、非共有環境の影響がとくに大きくなっています。

- **収入には遺伝が大きく影響する**
- **残りは非共有環境の影響**
- **共有環境はほとんど影響しない**

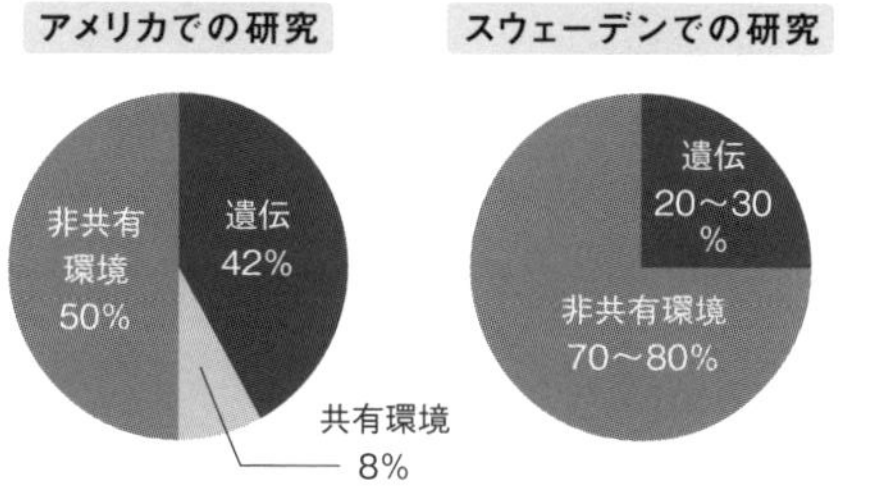

※左は行動遺伝学者ロウ、右はビョルクルンドらの研究より

日本人女性の収入には遺伝はほとんど影響しない？

ページ上部の研究は男性についてのもので、女性に関しては遺伝は収入にほぼ影響していないという結果でした。女性は仕事をやめたり勤務時間を抑えたりするケースもあり、遺伝的素質が十分に発揮されていない可能性があります。

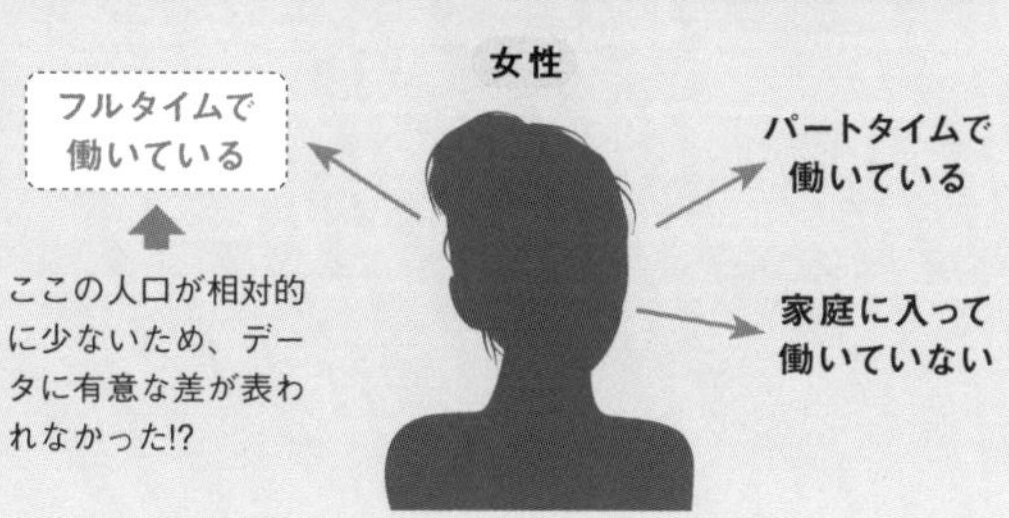

おわりに

『眠れなくなるほど面白い』シリーズで「遺伝」がラインナップされることになり、その監修を行動遺伝学に従事する私に依頼されたとき、「それはないだろう」と即座にお断りするつもりでした。私は文学部生まれの文学部育ち、「文系の遺伝学者」を名乗っており、遺伝学の中心が分子生物学となった現在、その中心にいるわけでも先端にいるわけでもないことが第一の理由。そして行動遺伝学は、かつて悪名を轟かせた優生学を出自とし、今でも必ずしもアカデミズムや思想界で快くは受け入れられていない学問に従事していることが第二の理由です。それが「コンビニにも並ぶこともある」ポピュラーなシリーズに加えられたとき、世間からどんな目で見られるかとおののきました。「遺伝」をテーマにするなら、その前に生物学の世界で活躍するちゃんとした研究者が手掛けるべき。行動遺伝学を紹介するのはそれからだ、と。

それにもかかわらず、監修を引き受けさせていただいたのはふたつの理由があります。まず最近のSNSなどを見るにつけ、行動遺伝学の話題が独り歩きし始めているなと思うようになってきたこと。それは行動遺伝学の知見に、私の書いた入門書はじめ心理学関連のテキストや、行動遺伝学に関心を寄せてくれている作家、YouTuberの紹介を通して触れる人たちが増えてきているからだと思います。ありがたいことにこの学問をよく理解し、その意義を受け止めてくれていると思われる投稿が多いのですが、中には表面的に理解し、それを孫引きして原著も読まずに誤解が含まれたまま、拡散されているものも散見されるようになってきました。たとえば「行動遺伝学によると能力は遺伝によって決まっているので努力してもしょうがないんだってさ」というもの。努力の仕方の個人差に遺伝の影響があるといっているのであって、努力しても仕方がないとは言っていない（P94参照）。「行動遺伝学から見るとアジア人のIQは遺伝的に高いらしい」もそう。これは民族差の遺伝はまだ直接解明されておらず、民族が違うと同じ能力でも関わる遺伝子が違うらしい（P81参照）。この誤解を取る必要があるという思いも強くなってきていた矢先の依頼だったのです。

そしてもうひとつの理由は、本シリーズがその半分を図やイラストで説明してくれるということ。私は、たぶん遺伝的資質によるのだと思うのですが、昔から絵が苦手で、中学生の時も、他の教科はそこそこの成績でしたが（と一応言っておく）、図工や美術だけがどうにも悪かったのです。頭の中に絵画的イメージがあることはあるのですが、それを図に置き換えることが苦手で、いざやろうとするとP95の「才能、学習、努力に関連する概念の相関図」のようにごちゃごちゃしてしまうのです。どれだけもどかしく思い続けてきたことか……。それを手助けしてくれるのがこのシリーズだったというわけです。

本書は「遺伝学のトリセツ」であると「はじめに」に述べました。そして本書を読めば「遺伝現象が固定的でも宿命的でも差別を正当化するものでもなく、むしろ生命の一員であるヒトの遺伝的多様性のダイナミズムがもたらす豊かな可能性に思いを馳せることもできるようになるでしょう」とも述べました。しかしそれは同時に、かつてのナチスの優生政策や、いまもなお禍根を残す旧優生保護法の問題、そして出生前診断と遺伝子検査の普及により、国家によるのではなく「民主的に」よりよい遺伝子を残そうとする「新しい優生学」の出現など、いまなお「取扱注意」の学問のトリセツであることも、また確かなのです。

科学的に正しい知識を持ったからといって、倫理的・道徳的に正しい判断ができるとは限りません。しかし少なくとも科学的に誤った知識に基づく判断が不適切であることも、言うまでもないことです。自分自身を含めて、あらゆる人々を理不尽な不幸に陥れないために、遺伝に関する適切な科学的知見に常に心を配ることが必要な時代になってきているのです。本書がそのための一助となれば幸いです。

安藤寿康（行動遺伝学者・慶應義塾大学名誉教授）

【監修者紹介】
安藤 寿康（あんどう・じゅこう）
行動遺伝学者。慶應義塾大学名誉教授。慶應義塾大学文学部卒業後、同大学大学院社会学研究科博士課程単位取得退学。教育学博士。専門は行動遺伝学、教育心理学、進化教育学。日本における双生児法による研究の第一人者。この方法により、遺伝と環境が認知能力やパーソナリティ、学業成績などに及ぼす影響について研究を続けている。『遺伝子の不都合な真実—すべての能力は遺伝である』（ちくま新書）、『日本人の9割が知らない遺伝の真実』（SB新書）、『能力はどのように遺伝するのか—「生まれつき」と「努力」のあいだ』（講談社ブルーバックス）など著書多数。

【参考文献】
『日本人の9割が知らない遺伝の真実』（著　安藤寿康・SB新書）／『生まれが9割の世界をどう生きるか』（著　安藤寿康・SB新書）／『教育は遺伝に勝てるか？』（著　安藤寿康・朝日新書）／『能力はどのように遺伝するのか—「生まれつき」と「努力」のあいだ』（著　安藤寿康・講談社ブルーバックス）／『運は遺伝する　行動遺伝学が教える「成功法則」』（著　橘玲、安藤寿康・NHK出版新書）／『面白くて眠れなくなる遺伝子』（著　竹内薫、丸山篤史・PHP研究所）／『遺伝子の不思議としくみ入門』（著　島田祥輔・朝日新聞出版）／『おもしろ遺伝子の氏名と使命』（著　島田祥輔・オーム社）／『ニュートン別冊　知りたい!遺伝のしくみ』（ニュートンプレス）／『言ってはいけない　残酷すぎる真実』（著　橘玲・新潮新書）／『幸せがずっと続く12の行動習慣』（著　ソニア・リュボミアスキー、訳　金井真弓、監修　渡辺誠・日本実業出版社）／『美貌格差 生まれつき不平等の経済学』（著　ダニエル・S・ハマーメッシュ、訳　望月衛・東洋経済新報社）／『美容資本』（著　小林 盾・勁草書房）／『徹底図解 遺伝のしくみ』（監修　経塚淳子・新星出版社）／『わかっちゃう図解 遺伝子』（著　都河明子・新紀元社）

※この他にも多くの書籍やwebサイト、論文などを参考にさせていただいております。

【STAFF】
編集 ———— 株式会社ライブ（竹之内大輔／畠山欣文）
執筆 ———— 青木聡／仁志睦／横井顕
カバーデザイン ———— 佐藤実咲（アイル企画）
カバーイラスト ———— 羽田創哉（アイル企画）
本文デザイン ———— 寒水久美子
DTP ———— 株式会社ライブ
校正 ———— 聚珍社

眠《ねむ》れなくなるほど面白《おもしろ》い
図解《ずかい》 遺伝《いでん》の話《はなし》

2024年11月 1 日　第1刷発行
2025年 4 月10日　第2刷発行

監 修 者　安藤寿康《あんどうじゅこう》
発 行 者　竹村響
印 刷 所　株式会社光邦
製 本 所　株式会社光邦
発 行 所　株式会社日本文芸社
〒100-0003　東京都千代田区一ツ橋1-1-1 パレスサイドビル8F

乱丁・落丁などの不良品、内容に関するお問い合わせは
小社ウェブサイトお問い合わせフォームまでお願いいたします。
ウェブサイト　https://www.nihonbungeisha.co.jp/

Printed in Japan 112241017-112250327Ⓝ02　(300082)
ISBN978-4-537-22247-0
（編集担当：萩原）